Photoshop Lightroom Classic CC

摄影师专业技法

［美］斯科特·凯尔比（Scott Kelby） 著

牟海晶 译

人民邮电出版社

北　京

内容提要

这是一本以清晰、准确而直观的方法介绍整个 Adobe Photoshop Lightroom Classic 工作流程的书籍，本书作者斯科特·凯尔比针对每个问题详细地提出具体的解决办法和实用技巧。读者在阅读之后，就可以了解在 Adobe Photoshop Lightroom Classic 中怎样导入照片、分类和组织照片，怎样编辑照片、局部调整照片、校正数码照片问题，怎样导出图像、将图像转到 Photoshop 进行编辑、创建漂亮的相册、打印、制作小视频等方面的技巧与方法，了解专业人士所采用的照片处理工作流程。

本书适合数码摄影、广告摄影、平面设计、照片修饰等领域的各层次用户阅读。无论是专业人员，还是普通爱好者，都可以通过本书迅速地提高数码照片处理水平。

致　辞

谨以此书献给我亲爱的朋友、同事和 Lightroom 的指明灯之一

——温斯顿·亨德里克森。

你们教会了我如此之多。

我会一直想念你们。

关于作者

斯科特是《Lightroom》杂志的编辑和出版人，Lightroom Killer Tips 网站的制作人，《Photoshop User》杂志的编辑和联合创始人，《The Grid》的主持人（《The Grid》是一档为摄影师提供的有影响力的现场直播脱口秀节目），并且他还是一年一度的 Scott Kelby's Worldwide Photo Walk™ 的创始人。

斯科特是 KelbyOne 的总裁兼首席执行官，KelbyOne 是一个学习 Lightroom、Photoshop 和摄影的在线教育社区。

斯科特是一位摄影师、设计师和获奖作家，共著有 90 多本书，包括《布光、摄影、修饰——斯科特·凯尔比影棚人像摄影全流程详解》《Photoshop+Lightroom 摄影师必备后期处理技法》《Photoshop Lightroom 6/CC 摄影师专业技法》《Photoshop CC 数码照片专业处理技法》以及《数码摄影手册》系列。该系列丛书的第一部分——《数码摄影手册（第一卷）》已成为畅销的数码摄影书籍之一。

6 年以来，斯科特一直被誉为世界上畅销的摄影技术图书作者之一。他的书已被翻译成几十种不同的语言，包括中文、俄文、西班牙文、韩文、波兰文、法文、德文、意大利文、日文、荷兰文、瑞典文、土耳其文和葡萄牙文等。他是著名的 ASP 国际奖的获得者——这是一个每年由美国摄影师协会为"以专业摄影为艺术和科学的理想做出特殊或重要的贡献"的人颁发的奖项，而哈姆丹国际摄影大赛（HIPA）也特别为他颁发奖项以嘉奖他对全球摄影教育的贡献。

斯科特是一年一度的 Photoshop 世界会议的技术主席，并经常在世界各地的会议和贸易展览上发表演讲。他参与了 KelbyOne 的一系列在线学习课程教学，自 1993 年以来一直在培训摄影师和其他 Photoshop 用户。

致　谢

　　像之前编写的每本书一样，我首先要感谢我漂亮的妻子卡莱布拉。如果你知道她是一位多么令人难以置信的人，就会明白我这么做的原因。

　　这听起来似乎有点傻。有时我们一起去超市，她让我去其他通道取牛奶，当我带着牛奶返回时，她会注视着我从通道走回来，并报以最温暖、最迷人的微笑。这并不是因为我找到了牛奶让她感到高兴，而是我们每次对视时她都这样做，即使我们只分开了1分钟。这种微笑仿佛在说："这是我爱的男人。"

　　如果结婚29年以来天天看到数十次如此的微笑，你会觉得自己是世界上最幸运的人，相信我——我就是这样。迄今为止，只要见到她我依然会怦然心动。当你经历这样的生活时，它会让你成为一个非常快乐和充满感恩的人，我就是如此。

　　所以，谢谢我的爱人。感谢她的照顾、关爱、理解、忠告、耐心、宽容、大度，她是一位富有同情心而且善良的妻子和母亲，我爱她。

　　其次，我非常感谢我的儿子乔丹。当我的妻子怀孕时（21年前），我写了我的第一本书，他伴随着我的写作而成长。所以你可以想象当他完成他的第一本著作（一本243页的幻想小说）时，我是多么地自豪。他在他母亲温柔、充满爱心的呵护下，成长为一个优秀的、充满激情的年轻人，这令我激动不已。当他进入大学高年级时，他知道他的父亲为他而感到十分骄傲与自豪。即使他还是一个年轻人，但在他的一生中，他已经用许多不同的方式鼓舞了这么多人，我迫不及待地想看到他奇妙的人生冒险，以及为他准备好的这一生的爱与欢笑。嘿，小家伙——这个世界需要更多像你这样的人！

　　感谢我们可爱的女儿基拉。她带着我们的祈祷、她哥哥的祝福而降生，成长为如此坚强的小女孩，并再次证明了奇迹每天都在发生。她是她母亲的一个小翻版，相信我，我已经想不出更好的赞美之词了。每天看到这样一个快乐、滑稽、聪明、富有创造力，以及令人敬畏的小自然力量在家里奔跑是如此地幸福 ——只是她完全不知道她让我们多么地快乐和自豪。她的出现就好像是一只神奇的独角兽、一个小妖精和一个童话公主在宇宙中相遇，然后弥漫在巧克力泡沫和樱桃之中。没有比这更美妙的了。

　　我还特别感谢我的哥哥杰夫。在我的生活中有很多值得感恩的事情，而在我成长的过程中拥有这样一个积极的榜样是我特别感激的一件事。他是一个人可以拥有的最好的兄弟，我之前已经说了一百万次了，但再说一遍也无妨——我爱你，哥哥！

　　我衷心感谢KelbyOne的整个团队。我知道每个人都认为自己的团队最特别，但这一次——我是对的。我很自豪能够和他们一起工作，而且我仍然对他们每天完成的事情感到惊讶，对他们所拥有的一切的热情和骄傲印象深刻。

　　我衷心感谢我的编辑金·多蒂。她工作认真，态度积极，注意细节，使我能不断地写出一本又一本图书。在写这些图书时，有时真的会感到很孤独，但她让我不再孤独——我们是一个团队。在我碰到问题时，她常常用鼓励的话语或者有用的想法给我坚持下去的信念，无论怎样感谢她都不为过。金，你是最棒的！

　　我同样感到幸运的是能够让才华横溢的杰西卡·马尔多纳多来设计我的图书。我喜欢杰西卡设计的方式，以及她给版面和封面设计添加的活灵活现的小元素。她不仅才华横溢，而且与她一起工作还很有乐趣。她是一位非常聪明的设计师，并且我认为她设计的每个版面都比别人的更新潮一些。能有她在我的团队里，我真是中了头奖了！

此外，非常感谢技术编辑辛迪·斯奈德，这部书有她与我合作使我感到十分幸运。谢谢，辛迪！

感谢我的朋友兼业务伙伴让·肯德拉这些年来的支持。他于我，于卡莱布拉以及我们的公司来说，都太重要了。

非常感谢我亲爱的朋友，火箭摄影师、特斯拉研究教授、非官方但仍然专业的迪斯尼游轮指导、风景摄影旅行者和亚马逊Prime爱好者埃里克·库纳先生。她是我喜欢每天上班的原因之一。她总是能跳出思维定式，发现很酷的东西，并确保我们始终以正确的理由做正确的事情。感谢她的支持、所有的辛勤工作和宝贵的建议。

感谢我的行政助理让娜·吉乐芭，是她不断地把我拉回正确的生活轨道。我知道即使是给我自己一个定位，对我来说也是一个挑战，但她似乎都能将这一切处理好。我非常感激她每天给予我的帮助，感谢她的天赋还有无穷的耐心。

感谢克莱伯·斯蒂芬森，他让所有美好的事情发生，让门打开，让机会出现。我特别喜欢我们的商务旅行，我们吃了很多东西，一路上充满欢声笑语，比先前计划的还好玩。

为出版社全体成员和我的编辑劳拉·诺玛击掌，是他们为我掌舵，给我指明方向，使我的书得以面世。

感谢 Rob Sylvan、Serge Ramelli、Matt Kloskowski、Terry White，以及在 Lightroom 教育之旅中帮助和支持我的所有朋友和教育工作者。感谢 Manny Steigman 这些年来一直相信我、支持我。感谢 Gabe、Rebecca、Steve、Joseph 以及 B & H Photo 的所有伙伴。

感谢这些与本书无关但与我的生活息息相关的人，我只想给他们一个字面上的拥抱：Jeff Revell、Ted Waitt、Don Page、Juan Alfonso、Moose Peterson、Brandon Heiss、Eric Eggly、Larry Grace、Rob Foldy、Merideth Duffin、Dave Clayton、Victoria Pavlov、Dave Williams、Larry Becker、Peter Treadway、Roberto Pisconti、Fernando Santos、Mike McCaskey、Marvin Derizen、Mike Kubeisy、Maxx Hammond、Michael Benford、Brad Moore、Nancy Davis、Mike Larson、Joe McNally、Annie Cahill、Rick Sammon、Mimo Meidany、Tayloe Harding、Dave Black、John Couch、Greg Rostami、Matt Lange、Barb Cochran、Jack Reznicki、Frank Doorhof、Karl-Franz、Peter Hurley、Kathy Porupski 和 Vanelli。

我欠 Adobe 公司的一些优秀人才一句谢谢：Jeff Tranberry，我提名他为世界上最敏感的超级英雄；Lightroom 产品经理 Sharad Mangalick，感谢他的所有帮助、见解和建议；Tom Hogarty，他回答了我的很多问题，并回复了我的很多深夜的电子邮件，并总是帮助我看到更大的图景。他们是最棒的！

感谢 Adobe Systems 的朋友，Bryan Hughes、Terry White、Stephen Nielson、Bryan Lamkin、Julieanne Kost 和 Russell Preston Brown，以及故去的 Barbara Rice、Rye Livingston、Jim Heiser、John Loiacono、Kevin Connor、Deb Whitman、Addy Roff、Cari Gushiken、Karen Gauthier 和 Winston Hendrickson，本书献给他们。

感谢我的导师们，他们的智慧和鞭策给予我无法估量的力量，包括 John Graden、Jack Lee、Dave Gales、Judy Farmer 和 Douglas Poole。

我希望你能够最大限度地阅读并使用这本书，如果你花两分钟时间阅读需要了解的这6件事，我保证它会对你使用和理解 Adobe Photoshop Lightroom Classic CC 产生巨大帮助。（另外，它使你不用给我发一封电子邮件来问每一个选择跳过这部分的人都会问的问题。）

图 0-1

（1）本书适用于 Adobe Photoshop Lightroom Classic CC 用户（Lightroom 已经存在了11年，我们都很喜欢它）。如果你的 Lightroom 看起来跟**图 0-1** 一样，那就对了。如果你的 Lightroom 看起来不像这样（你看不到**图 0-1** 中所示的图库、修改照片、地图等），那你正在使用的就是基于云端的另一个版本的 Lightroom，它的名字是 Lightroom CC。虽然我们在本书的后面章节对其进行了简述，但本书并未涵盖此云存储版本。不过，你仍可以在该版本中停留并查看这些照片。

图 0-2

（2）你可以下载许多我在本书中使用过的素材图片。下载方式我会在第6件事中详细说明。看，**图 0-2** 就是我在本书中使用过的素材之一，如果你跳过这个部分并直接阅读第1章就会错过它。然后，你会发一封电子邮件问我为什么没告诉你在哪里下载素材图片。你肯定不是唯一一个会这么做的人。

（3）如果你阅读过我的其他书，你就会知道我的习惯是"想到哪就写到哪"。但是此次，我按照你使用该程序的可能的顺序写了这本书，所以如果你是Lightroom的新手，我真的建议你按顺序开始阅读本书。但是，这是你的书，怎么阅读本书完全取决于你。此外，请阅读每个项目的开头，就是位于页面顶部的那部分。那里有你想知道的信息，所以不要跳过它们。

图 0-3

（4）该软件的官方名字是"Adobe Photoshop Lightroom Classic CC"，它是Photoshop系列的一部分，也是Adobe Creative Cloud产品的一部分。但是如果每次我都提它的全名，称它为"Adobe Photoshop Lightroom Classic CC"，你可能会觉得很啰唆。所以，从现在开始，我通常只把它称为"Lightroom"或"Lightroom Classic"。

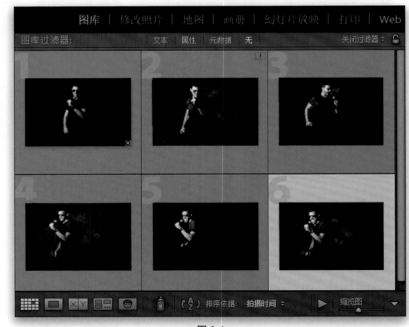

图 0-4

（5）本书的下载资源中还附赠了相册创建、在Lightroom中打印照片、视频编辑、使用移动版Lightroom的内容，以供拓展学习。此外，我还分享了自己从头到尾的工作流程，但是，在你第一次阅读本书时先不要阅读这些内容，否则你可能忽略一些我想让你掌握的基础技法。

图 0-5

（6）资源下载说明

　　本书附赠案例配套素材文件，扫描"资源下载"二维码，关注"ptpress摄影客"微信公众号即可获得下载方式。在资源下载过程中如有疑问，可通过客服邮箱与我们联系。

　　客服邮箱：songyuanyuan@ptpress.com.cn

扫一扫 学摄影

资 源 下 载
扫 描 二 维 码
下 载 本 书 配 套 资 源

目录

第1章　14

▼ 将你的照片导入 Lightroom 中

1.1　将所有照片移动到一个外置硬盘上 …………… 16
1.2　当照片文件夹上显示问号时该怎么办 ………… 17
1.3　你还需要一个备用硬盘 ………………………… 18
1.4　在启动 Lightroom 之前先组织照片 …………… 19
1.5　将硬盘上的照片导入 Lightroom ……………… 23
1.6　选择图片预览的显示速度 ……………………… 24
1.7　把照片从相机导入 Lightroom（适用于新用户）……… 26
1.8　把照片从相机导入 Lightroom（适用于老用户）……… 28
1.9　使用智能预览功能在未连接外置硬盘时工作 ……… 32
1.10　使用导入预设（和紧凑视图）节省导入时间 ……… 33
1.11　为导入照片选择首选项 ………………………… 34
1.12　RAW 至 Adobe DNG 的格式转换 …………… 37
1.13　使用 Lightroom 要了解的 4 件事 …………… 38
1.14　查看导入的照片 ………………………………… 40
1.15　两种形式的全屏视图 …………………………… 42

第2章　44

▼ 组织照片

2.1　必知 4 要点 ……………………………………… 46
2.2　使用一个目录 …………………………………… 48
2.3　目录的存储位置 ………………………………… 50
2.4　在文件夹中创建收藏夹 ………………………… 51
2.5　在硬盘上组织照片 ……………………………… 52
2.6　为什么需要使用旗标而不是星级评定 ………… 54
2.7　从相机导入时整理照片 ………………………… 56
2.8　两种搜寻最佳照片的工具：筛选和比较视图 ……… 62
2.9　智能收藏夹：照片管理助手 …………………… 64
2.10　使用堆叠功能让照片井井有条 ………………… 66
2.11　添加关键字（搜索关键词）…………………… 68
2.12　使用面部识别功能快速寻人 …………………… 72
2.13　重命名照片 ……………………………………… 76
2.14　使用快捷搜索查找图片 ………………………… 77
2.15　解决"无法找到该文件"的报错 ……………… 79
2.16　按日期整理照片（后台自动执行）…………… 81
2.17　备份目录 ………………………………………… 84

第3章　86

▼ 导入和组织照片的高级功能

3.1　联机拍摄功能（从你的相机中直接传输到
　　　Lightroom 中）………………………………… 88
3.2　使用图像叠加功能调整图片的排版效果 ……… 92
3.3　创建自定义的文件命名模板 …………………… 96
3.4　创建自定义的元数据（版权）模板 ………… 100
3.5　使用背景光变暗、关闭背景光和其他视图模式 … 102
3.6　使用参考线和尺寸可调整的网格叠加 ……… 104

3.7 什么时候应该使用快捷收藏夹 …………… 105

3.8 使用目标收藏夹 ……………………………… 107

3.9 嵌入版权信息、标题或其他元数据 ……… 109

3.10 从笔记本到桌面：同步两台计算机上的目录 ……… 112

3.11 灾难应急处理 ……………………………… 115

第4章　118

▼ 自定义设置

4.1 选择你想在放大视图中看到的信息 ……… 120

4.2 选择你想在缩览图中看到的信息 ………… 122

4.3 轻松利用面板进行工作 …………………… 126

4.4 在 Lightroom 中使用双显示器 …………… 127

4.5 选择胶片显示内容 ………………………… 131

4.6 添加影室名称或徽标，创建自定义效果 … 132

第5章　136

▼ 编辑图像

5.1 图片编辑菜单 ……………………………… 138

5.2 编辑 RAW 格式照片 ……………………… 140

5.3 白平衡设置 ………………………………… 145

5.4 联机拍摄时实时设置白平衡 ……………… 149

5.5 查看修改前后的图像 ……………………… 151

5.6 使用参考视图复制特定的外观设定 ……… 152

5.7 自动调色功能 ……………………………… 153

5.8 设置白点和黑点扩展色调区间 …………… 154

5.9 用曝光度滑块控制整体亮度 ……………… 156

5.10 我的图像编辑三部曲：白色色阶 + 黑色色阶 +
曝光度滑块 ………………………………… 157

5.11 增强对比度 ………………………………… 158

5.12 解决高光问题 ……………………………… 159

5.13 提亮暗部，修复逆光照片 ………………… 161

5.14 调整清晰度使图像更具"冲击力" ……… 162

5.15 使颜色变得更明快 ………………………… 163

5.16 去雾去霾 …………………………………… 164

5.17 自动统一曝光度 …………………………… 168

5.18 整合以上所有基础操作 …………………… 169

5.19 使用图库模块的快速修改照片面板 ……… 170

第6章　172

▼ 调整画笔和工具箱中其他工具

6.1 减淡、加深和调整照片的各个区域 ……… 174

6.2 关于 Lightroom 调整画笔需要了解的其他 5 点内容 … 180

6.3 选择性校正白平衡、深阴影和杂色问题 … 181

6.4 修饰肖像 …………………………………… 183

6.5 用渐变滤镜校正天空 ……………………… 187

6.6 使用明亮度及色彩蒙版让棘手的调整更加轻松 ……… 190

6.7 使用径向滤镜自定义暗角和聚光灯特效 … 195

第7章　198

▼ 特殊效果

7.1 应用筛选器——创意配置文件提供更多特效 … 200

7.2 虚拟副本——"无风险"的试验方法 …… 202

7.3 调整单一颜色 ……………………………… 204

7.4 添加暗角效果 ……………………………… 206

7.5 创建新潮的高对比度效果 ………………… 209

7.6 创建黑白图片 ············ 212
7.7 获得优质的双色调显示（以及色调分离）··········· 216
7.8 制作柔光效果 ············ 217
7.9 使用一键预设（并创建你自己的预设）··········· 218
7.10 光斑效果 ············ 223
7.11 正片负冲制造时尚效果 ············ 225
7.12 拼接全景图 ············ 227
7.13 添加光线效果············ 230
7.14 创建 HDR 图像 ············ 234
7.15 让街道看起来湿漉漉的 ············ 238

第8章 240

▼ 常见问题处理

8.1 校正逆光照片 ············ 242
8.2 减少杂色 ············ 244
8.3 撤销在 Lightroom 中所做的修改 ············ 247
8.4 裁剪照片 ············ 249
8.5 在关闭背景光模式下裁剪 ············ 252
8.6 校正歪斜的照片 ············ 253
8.7 常规修复画笔 ············ 255
8.8 简便地找出污点和斑点 ············ 258
8.9 消除红眼 ············ 261
8.10 校正镜头扭曲问题 ············ 262
8.11 使用引导式功能手动校正镜头问题 ············ 266
8.12 校正边缘暗角············ 269
8.13 锐化照片 ············ 272
8.14 校正色差（彩色边缘）············ 276
8.15 Lightroom 内的基本相机校准 ············ 278

第9章 280

▼ 导出照片

9.1 把照片保存为 JPEG 格式 ············ 282
9.2 为照片添加水印 ············ 290
9.3 在 Lightroom 中通过电子邮件发送照片 ············ 294
9.4 导出原始 RAW 格式照片 ············ 296

第10章 298

▼ 转到 Photoshop 中进行处理

10.1 选择将文件发送到 Photoshop············ 300
10.2 怎样跳入 / 跳出 Photoshop ············ 301
10.3 保持 Photoshop 的多个图层不变 ············ 307
10.4 向 Lightroom 工作流程中添加 Photoshop 自动处理 ···308

第11章 见下载资源

▼ 相册创建

11.1 在制作第 1 本画册之前
11.2 10 分钟创建第 1 本画册
11.3 使用自动布局功能
11.4 创建自己的页面布局
11.5 向照片画册添加图注
11.6 添加和自定页码
11.7 关于布局样式模板你应知道的 4 件事
11.8 自定义背景

11.9　在 Blurb 外进行布局和打印
11.10　创建封面文本
11.11　自定义模板工作区

第12章　　　　　　**见下载资源**

▼ 打印照片

12.1　打印个人照片
12.2　打印多照片小样
12.3　任意创建自定布局
12.4　向打印布局添加文字
12.5　在一页上打印多幅照片
12.6　把自定布局保存为模板
12.7　让 Lightroom 记住上一次打印布局
12.8　创建后幕印刷效果
12.9　最终打印和颜色管理设置
12.10　把页面布局保存为 JPEG 格式
12.11　为打印照片添加自定边框

第13章　　　　　　**见下载资源**

▼ 视频编辑

13.1　剪辑你的个人视频
13.2　为视频片段选择缩览图
13.3　从视频片段获取照片
13.4　编辑视频片段（方法简便但有局限性）
13.5　视频剪辑与编辑
13.6　短视频制作（高清视频存储）

第14章　　　　　　**见下载资源**

▼ 使用移动版 Lightroom

14.1　Lightroom CC 移动版的 4 个强大技能
14.2　在移动设备上设置 Lightroom
14.3　同步收藏夹至 Lightroom 移动版中
14.4　在相册上工作
14.5　为照片添加旗帜和星级评级
14.6　在 Lightroom 移动版中编辑照片
14.7　裁剪和旋转
14.8　Lightroom 移动版的高级搜索
14.9　内置相机

第15章　　　　　　**见下载资源**

▼ 我的工作流程

15.1　一切从拍摄开始
15.2　工作流程第 1 步：导入照片
15.3　工作流程第 2 步：整理照片
15.4　工作流程第 3 步：编辑精选照片
15.5　工作流程第 4 步：打印照片

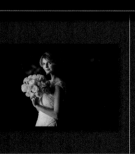

第1章
将你的照片导入 Lightroom 中

- 将所有照片移动到一个外置硬盘上
- 当照片文件夹上显示问号时该怎么办
- 你还需要一个备份用硬盘
- 在启动 Lightroom 之前先组织照片
- 将硬盘上的照片导入 Lightroom
- 选择图片预览的显示速度
- 把照片从相机导入 Lightroom（适用于新用户）
- 把照片从相机导入 Lightroom（适用于老用户）
- 使用智能预览功能在未连接外置硬盘时工作
- 使用导入预设（和紧凑视图）节省导入时间
- 为导入照片选择首选项
- RAW 至 Adobe DNG 的格式转换
- 使用 Lightroom 要了解的 4 件事
- 查看导入的照片
- 两种形式的全屏视图

1.1
将所有照片移动到一个外置硬盘上

在开始使用Lightroom之前，事实上，最好在启动Lightroom之前，为了拥有愉快的Lightroom使用体验，你首先要一个外置硬盘来保存所有待处理照片（不要使用计算机自带的硬盘——它可能在不知不觉中就被装满了）。这一步比听起来更重要，它将使你在学习之路上减少很多挫败感（挫败感总是比你想象的来得更快）。好消息是，现在外置硬盘的价格并不是很昂贵。

移动照片到外置硬盘上

好的，既然已经有外置硬盘连接到你的计算机（如**图1-1**所示），那么你需要做的就是从旧的CD、DVD以及其他旧的便携式驱动器里收集所有照片，并将它们全部放在这个外置硬盘上。另外，请确保将它们从计算机上移动到了外置硬盘上（不要只是复制和粘贴，一旦确定了它们在你的外置硬盘上，就可以删除计算机上的副本，只需要处理外部硬盘上的图像即可）。把所有这些东西放在一起需要费点工夫。虽然将所有图像都放在一个单一的、易于备份的地方费心力，但很多过来人都不厌其烦地告诉我，这样做会让事情变得比想象的更加容易和快捷。注意：购买外置硬盘时，请购买比你认为需要的内存容量更大的硬盘（至少4TB）。不管怎样，无论选择哪种外部存储器，它被装满的速度都会比你想象的要快得多，这都是拜今天已经变成行业标准的有着超高像素的相机所赐。现在请收集你的所有便携式硬盘驱动器、CD和DVD，然后将它们的内容全部集中到一个外置硬盘上。

图 1-1

在 Lightroom 的文件夹面板中，文件夹上的那个问号只是表明，当你将照片文件夹从计算机移到外置硬盘上时 Lightroom 无法再找到其位置。这不是什么大问题，你只需要告诉 Lightroom 你把照片移到了哪里，它便会自动重新链接照片。如果你是一名 Lightroom 老用户，并且看到我在书里教的组织系统方法的部分，你可能就能把所有这些问号之类的事情弄明白。

1.2
当照片文件夹上显示问号时该怎么办

图 1-2

图 1-3

如何让 Lightroom 知道你把照片文件夹移动到了哪里

将照片从计算机移动到外置硬盘后，如果查看库模块的文件夹面板，你将看到一堆带有问号标记的灰色文件夹，这意味着 Lightroom 不知道那些先前的照片现在在哪里。想修复它只需让 Lightroom 知道照片移动后的位置——右击带有问号的文件夹，然后从弹出菜单中选择查找丢失的文件夹（如**图 1-2** 所示）命令，打开独立的打开对话框，再浏览外置硬盘，找到丢失的文件夹，然后单击选择按钮即可。就这么简单——Lightroom 现在知道它们在哪里，并且照常运作了。

致老用户

在文件夹面板中进行移动操作时，由于你使用 Lightroom 移动照片，所以它一直知道文件夹位置，你无须像第一次连接外置硬盘那样进行连接。注意：如果你连接一个全新的、空的外置硬盘，Lightroom 将无法识别它（外置硬盘不会出现在文件夹面板中），因此你需要单击文件夹面板标题右侧的＋（加号）按钮，导航到新的外置硬盘，并在外置硬盘上创建一个新的空文件夹。现在，该外置硬盘出现在了文件夹面板中，你还可以将其他文件夹直接拖放到该外置硬盘上，如**图 1-3** 所示。

1.3
你还需要一个
备份用硬盘

外置硬盘很便宜是件好事，因为你需要准备两个。为什么要两个？因为所有外置硬盘最终都会发生不同程度的损毁（有时是它们自己坏的，有时是我们不小心把它们打翻在地，或者是遭到雷击，或者狗狗不小心将它们从桌上拉到地上）。不仅仅是外置硬盘——每个媒体存储器在某些时候都会损坏（CD、DVD、便携式驱动器、光纤驱动器以及所有你能想到的），因此你需要一个备份。

它必须是一个完全独立的硬盘

备份用硬盘必须是完全独立于主外置硬盘的外置硬盘——而不仅是计算机分区或同一外置硬盘上的另一个文件夹，如**图1-4**所示。我曾经与没意识到该问题的严重性而只是给同一硬盘分区的摄影师们探讨过：一旦外置硬盘整个损毁，原始图库和备份图库将同时损坏，那么结局只有一个——照片永远丢失。

图 1-4

该把你的外置硬盘放在哪里

你不仅需要两个独立的外置硬盘，而且理想情况下，它们需要被保存在两个不同的位置，如**图1-5**所示。例如，我把一个放家里，另一个放在办公室，几乎每个月我都会把家里的那个带到办公室并同步它们，所以它们就能同时拥有我在过去一个月里添加的所有东西。当我将它们保存在两个不同的位置后，即使其中一处发生火灾、爆炸、洪水或者龙卷风，我依然可以在另一处使用备份用硬盘。这就是你不能将你的计算机用作备份的原因（也许它会在洪水或火灾中被毁或被盗），并且你也不能把你的备份用硬盘放在主硬盘边上（出于同样的原因）。

图 1-5

我几乎每天都会遇到为照片存储位置而犯难的摄影师，他们对Lightroom 的存储功能迷惑不解，认为其毫无章法。不过，如果你能在使用 Lightroom 前先组织照片（我将为大家介绍一个简单的办法），那么接下来的工作将更加顺利。通过此方法你不仅能明确照片的位置，而且即便你不在计算机旁，别人也能通过精确的存储位置找到所需要的照片。

1.4
在启动 Lightroom 之前先组织照片

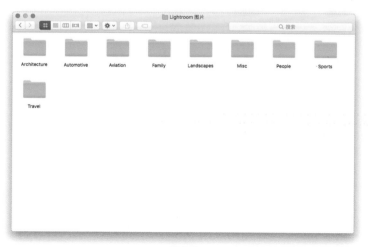

图 1-6

步骤 1

进入外置硬盘，并在里面创建一个新文件夹。这是你的主图库文件夹，你需要把所有照片（无论是几年前的老照片，还是新拍摄的照片）都存入其中，这是在进入 Lightroom 前整理照片的关键步骤。顺便提一下，我把这个重要的文件夹命名为"Lightroom 图片"，如**图 1-6** 所示。你也可以按自己的喜好命名，只要知道这是你整个照片库的新家就行了。此外，如果想要备份整个照片库，你只需要备份这个文件夹，很方便对不对？

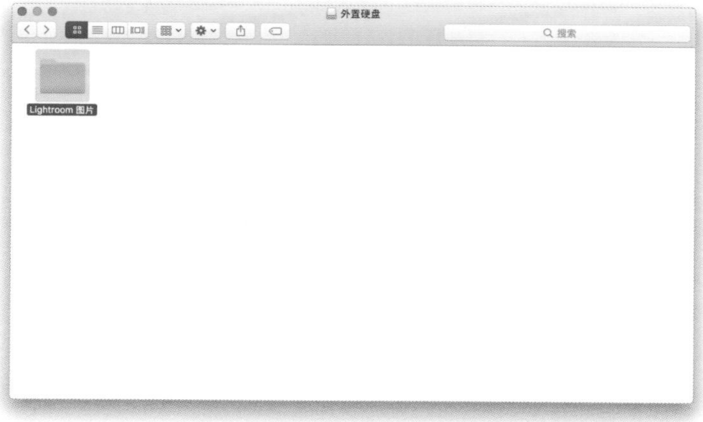

步骤 2

在主文件夹里创建更多的子文件夹，然后根据照片的主题命名它们，如**图 1-7**所示。现在我已经拍摄过许多不同的运动题材的照片，因此在我的运动文件夹中又设有足球、棒球、赛车、篮球、曲棍球、橄榄球和其他运动等独立的文件夹。最后一个步骤不是必须要有的，只不过我拍过许多不同运动题材的照片，这样做更方便我快速地找到照片。

图 1-7

步骤3

　　现在你的计算机里可能有许多装满了照片的文件夹，你的任务是把它们放到对应主题的文件夹中。因此，如果你有一个存了一些夏威夷旅行照片的文件夹，就把该文件夹拖入"Lightroom 图片"文件夹中的"Travel"文件夹中。顺便提一下，如果存储夏威夷之行照片的文件夹取了一个不太一目了然的名字，那现在你最好修改一下。文件夹名应该越简单直白越好。言归正传，例如我拍了一些我女儿参加垒球锦标赛的照片，我可以把它们放入"Lightroom 图片\Sports"文件夹中。但这些同时也是我女儿的照片，因此也可以把它们存储到"Family"文件夹中，这并没有什么影响，全凭个人喜好。但如果此时选择的是"Family"文件夹，那么以后孩子运动的照片都要放入其中，绝对不能将两个文件夹混杂着使用。

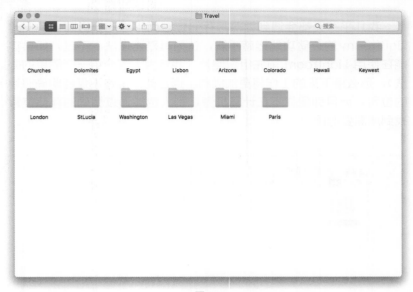

图 1-8

步骤4

　　事实上，把所有照片从硬盘转入文件夹用不了多长时间，几小时足矣。那应该怎么操作呢？首先，即使你不在计算机前，你也应该能明确地说出每张照片所在的位置。例如，如果我问："你意大利之行的照片在哪儿？"你立刻能说出它位于"Lightroom 图片\Travel \ Italy"文件夹中。如果你曾多次游览过意大利，我可能会看到**图**1-9所示的3个文件夹。我会非常嫉妒你去过3次意大利，所以我一开始就不会问你去过几次，即便不问我也知道答案。除此之外，你还有别的事要注意。

图 1-9

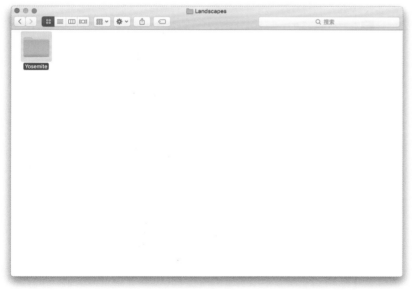

图 1-10

图 1-11

步骤 5

　　我想提醒你有一个让你容易被绊住的坑——按日期组织文件夹。它之所以算是个坑，是因为这么整理很大程度上依赖于你记得你做过的所有事情。除此之外，Lightroom 已经记录了你照片库里每一张照片的日期和确切时间，甚至是一周中的哪一天（它是通过照片内嵌的相机信息得知这些的）。因此，如果你想要按照日期组织照片，可以在 Lightroom 的网格视图顶部显示的图库过滤器栏中单击元数据栏，然后从弹出的下拉菜单中选择日期，如**图 1-10** 所示。现在，单击任何一年，然后单击月份，你就能查看在确切日期拍摄的照片。它已经为你做了整理，所以你不必再这么做了。

步骤 6

　　现在，如果你已经拍摄了大量的风景照片，我会问道："你拍的约塞米蒂（Yosemite）照片在哪里？"你会说："在我外置硬盘上的'Lightroom 图片\Land-scape'文件夹中。"故事结束。这就是它们的位置，如**图 1-11** 所示。你的计算机可以按一定的顺序排列它们，使它们更容易被找到。这有多容易？只要你给所有照片文件夹使用简单的描述性的名称，你就会感到很方便。是的，它可以很容易。现在花一点时间（再次申明，做这些可能不会超过几个小时）将你全部的照片拖入正确的主题文件夹中，这对你接下来的工作会有极大的帮助。

步骤7

如果想从相机存储卡导入新照片该怎么办呢？步骤也一样：把它们直接导入正确的主题文件夹中（稍后再做详细介绍），并在其中创建一个切合照片主题、名字简单的新文件夹。比如你在 KISS 和 Def Leppard 音乐会上拍下的照片，它们会被存储在"Lightroom 图片\Concerts\Kiss_Def Leppard"文件夹中，如**图1-12**所示。注意：如果你是一位严谨的纪实摄影师，那么你需要一个名为"Events"的独立文件夹，该文件夹中还会包含如音乐会、名人演讲、颁奖典礼和重大事件等整齐有序的照片。

图 1-12

步骤8

再举另一个例子，如果你是一个婚礼摄影师，你有一个"Weddings"文件夹。在该文件夹里面你会看到其他文件夹，如"Johnson_Anderson Wedding"和"Smith_Robins Wedding"等简单命名的文件夹。如果 Garcia 女士说，"我需要另外一份婚礼照片"，你会确切地知道他们的照片在你的"Lightroom 图片\Weddings\Garcia_Jones Wedding"文件夹里面，如**图1-13**所示。这不能更方便了（实际上，在 Lightroom 中这样做会让事情更容易，但你在启动 Lightroom 之前就需要完成所有这些组织工作）。

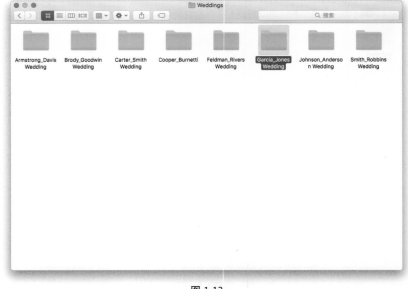

图 1-13

理解 Lightroom 最重要的概念之一是：在导入过程中照片并未被移动或复制到 Lightroom。你的图像永远不会移动，它们仍然在你的外置硬盘上，Lightroom 只是"管理"它们。这就像你告诉 Lightroom："看到我外置硬盘上那些照片了吗？ 为我管理它们。"当然，如果你看不到它们就不可能管理它们，所以 Lightroom 会创建照片的预览，这就是你在 Lightroom 中所看到的。你的照片其实从未被实际移动或复制"进入"Lightroom。

图 1-14

图 1-15

图 1-16

1.5
将硬盘上的照片导入 Lightroom

步骤1

在开始导入照片之前，请务必阅读上述内容——这是最重要的事情。幸运的是，将照片导入 Lightroom 是很容易的事情。打开你的外置硬盘，你只需将想要导入的照片的文件夹拖放到 Lightroom 的图标上（在 Mac 的图标栏里，或在 PC 的桌面上）即可。这会打开 Lightroom 的导入对话框，如**图1-14**所示。它假设你想要导入所有图像，这就是为什么每个图像旁边都有一个复选框。如果你不想导入所有照片，请单击复选框以取消选中它，然后它就不会导入。想要查看更大的图像，请双击它；要返回到常规的缩览图网格视图，请再次双击图像或按键盘上的字母G；如果想要将所有这些缩览图放大，请将缩览图滑块（位于底部）向右拖动。

步骤2

此时只需要在窗口顶部单击添加按钮，然后单击右下方的导入按钮，你的图像就会出现在 Lightroom 中，如**图1-15**、**图1-16**所示。你可以调整一些选项（我很快就会介绍它们），但实际上你只需要进行简单的导入并让 Lightroom 为你管理图像即可。

1.6
选择图片预览的
显示速度

Lightroom 可以创建不同尺寸的预览视图，分别是缩览图、标准屏幕视图和100% 视图（也称作1:1视图）。预览视图越大，当你第1次导入时渲染的时间就越长。幸运的是，你可以根据个人的耐心程度来决定它的预览速度。我的耐心程度像仓鼠一样低，所以我想要马上见到缩览图（但是这个速度需要付出代价）。因此，你需要找到适合自己的预览方法。

图片预览的4种方法

在导入对话框右上方，文件处理面板中的构建预览下拉列表有4个选项，如**图1-17**、**图1-18**所示。这4个选项可以选择预览视图（缩览图和尺寸稍大的缩览图）的显示速度，下面我们从最快的到最慢的来一一了解它们。

1.最小

如果你在拍摄时选择使用RAW（原始图像文件）格式，则 Lightroom 会在 RAW 格式中抓取相机厂商嵌入的最小 JPEG 预览图（与你在 RAW 格式下拍摄时在相机背面看到的 JPEG 预览图相同），用它作缩览图时显示速度非常快！注意：这是我一直以来的选择。这些超高速的最小缩览图颜色效果不是最准确的，所以你无疑是用颜色的准确性来换取速度。只要相机厂商在他们的 RAW 格式视图中嵌入了尺寸比较合适的预览，你要放大一个照片也会很快。如果他们没有嵌入，Lightroom 也会创建那些更大的预览（你只需要多等几秒）。注意：如果你拍摄时选用 JPEG 格式，你的缩览图不管怎样都会显示得更快，渲染也会更快，颜色也会相当准确。

提示：渲染更大的预览

如果你想要每个嵌入的预览图更大、质量更好，只需单击网格视图下缩览图左上方的黑色双箭头图标即可，如图1-19所示。

图 1-17

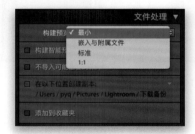

图 1-18

图 1-19

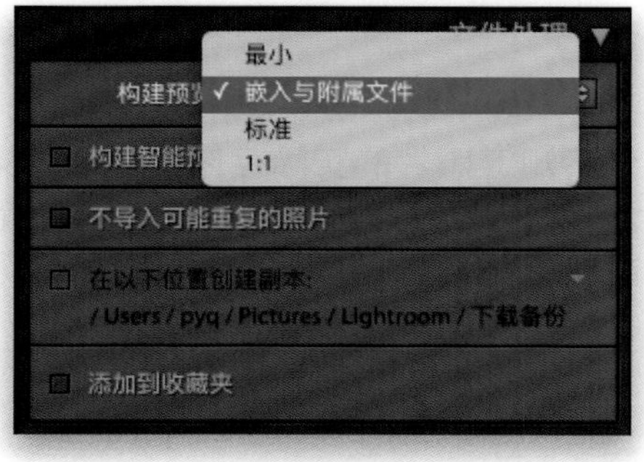

图 1-20

图 1-21

图 1-22

2. 嵌入与附属文件

选择嵌入与附属文件预览，可以获取相机创建的最大预览，如**图1-20**所示。它可以相当快地将缩览图放到Lightroom中。如果双击放大，你将需要等待它创建更大的预览（在你看到更大的预览之前，你会看到屏幕上显示一条信息：正在加载）。如果进一步放大，你就需要多等一会儿（屏幕上会再一次显示：正在加载）。如果你不尝试进一步放大的话，它就不会创建更大且质量更好的预览。

3. 标准

选择标准预览意味着你愿意等待更长的时间，直到所有标准尺寸的预览都呈现出来，如**图1-21**所示。所以当你稍后双击图像时，不会看到任何加载消息。标准预览是双击缩览图或将图像转到修改照片模块时所看到的。你仍然会看到缩览图出现，但是要等到左上角的进度条显示所有预览都已呈现后才能开始查看更大尺寸的图像。然而，如果你进一步放大，比如放大到1:1视图，则需要多等几秒，直到1:1视图渲染完成相似。

4. 1:1

如果你不想看到加载消息，而且有耐心想要随时可用的清晰、超大的预览，你就可以选择这个尺寸，如**图1-22**所示。渲染这些全尺寸预览是出了名的慢，但是当它最终完成渲染时，加载信息已经在你身后，你就可以在快车道上全速前进了。

把照片从相机导入 Lightroom（适用于新用户）

这个简单的方法是专门为 Lightroom 的新用户设计的，因为他们不知道照片的实际存储位置（如果你已经使用过一段时间的 Lightroom，可以跳转至 1.8 节）。这个简单的方法没有使用所有的导入选项，但是可以使用户准确地知道导入的图像存储在哪里。

步骤 1

暂不运行 Lightroom，先将带有存储卡的读卡器插入计算机，选择存储卡内的所有照片，然后将它们拖曳到外置硬盘上的文件夹中。例如，可以将在里斯本拍摄的照片移动到外置硬盘，拖曳至名为"Travel"的文件夹中，再在旅行文件夹中创建名为"Lisbon"的新文件夹，如**图 1-23**所示。图片的路径在导入至 Lightroom 后不会被更改（图片不会被移动或复制到 Lightroom 中，仍在外置硬盘上）。

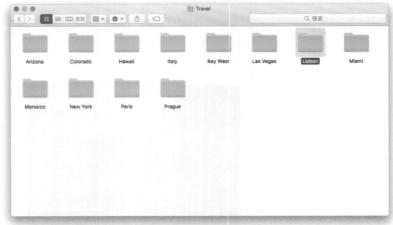

图 1-23

步骤 2

现将"Lisbon"文件夹拖曳至 Lightroom 的图标上（在 Mac 的图标栏或者在 PC 端的桌面），这能打开 Lightroom 的导入对话框，如**图 1-24**所示。在构建预览下拉列表框（导入对话框右上角的文件处理面板）中，选择预览等待时间。我选择了嵌入式与边框，还有其他几种方式可供选择。

图 1-24

图 1-25

图 1-26

图 1-27

步骤 3

我们现在介绍导入对话框中的一个选项——不导入可能重复的照片，如图 1-25 所示。启用此选项后，如果 Lightroom 识别出重复的文件名，Lightroom 会自动跳过导入。当你几天内要在同一个存储卡下载照片的时候（比如去度假的时候），这一点会很有帮助，这样你就不会得到一大堆相同照片的副本。我们现在还没有介绍导入对话框的其他选项。在 1.8 节介绍的高级导入工作流程中，我会给大家介绍其他的选项，但需要你熟悉照片导入与存储之后再去读，这样不至于一头雾水。

步骤 4

首先要单击对话框顶部的添加按钮，然后单击右下角的导入按钮，如图 1-26、图 1-27 所示。这样你的图像将会呈现在 Lightroom 中。你可以滚动预览，或者双击以调整图片的大小，也可以放大到 100% 来观察图片的锐度。这时候，你可以精挑细选出你所拍摄的最佳图像。

1.8
把照片从相机导入Lightroom（适用于老用户）

如果你已经使用过一段时间Lightroom，熟悉了照片的存储位置、在查找照片时毫无压力，那么这一节会非常适合你。当完成这一章节的学习之后，你就可以轻轻松松导入照片了。你将会使用很多功能和选项，甚至连Adobe都不知道它们是做什么的。总之，开始行动，让我们点亮这支蜡烛吧！

步骤1

如果Lightroom已经打开，把相机或读卡器连接到计算机后，你就会看到在Lightroom窗口中弹出了导入对话框，如**图1-28**所示。导入对话框的顶部非常重要，因为它显示了将要执行的操作。数字编号从左到右依次代表的含义是：（1）显示照片来自哪里（在这个例子中，照片来自相机）；（2）将对这些照片执行哪些操作（在这个例子中，将从相机上复制它们）；（3）要把它们放到哪里（在这个例子中，要把它们从外置硬盘复制到Lightroom里名为"婚礼"的照片文件夹中）。

步骤2

导入完成后，如果相机或者读卡器仍连接到计算机，Lightroom则会认为我们还想要从这些设备上导入照片，我们会看到在导入对话框左上角有从按钮，如**图1-29**中方框所示。如果需要从其他存储卡导入（我们可能将两个读卡器连接到计算机），则请单击从按钮，从弹出菜单（如**图1-29**所示）中选择其他读卡器，或者可以选择从其他地方导入，如桌面或者"图片收藏"文件夹，或者选择最近导入过的其他任何文件夹。

图 1-28

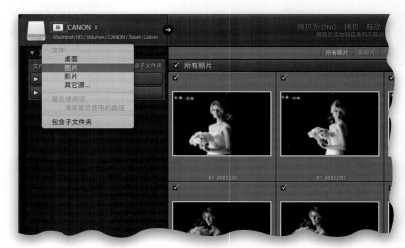

图 1-29

图 1-30

图 1-31

步骤 3

　　中间预览区域的右下角有一个缩览图滑块，它可以控制缩览图预览的尺寸，如**图 1-30** 所示。如果想看到更大的缩览图，则可以向右拖动该滑块。如果想放大或全屏显示即将导入的照片，可以双击图片，或者单击图片后按键盘上的 E 键。若想将图片调整为原来的大小，可双击或按 G 键实现。

提示：缩览图尺寸快捷键

　　按键盘上的 +（加号）键可以在导入窗口查看大缩览图，按 -（减号）键则会使其再次变小。

步骤 4

　　正如我前面提到的，默认时所有照片旁边的复选框都为选中状态，意味着它们全部被标记为导入。如果看到不想导入的照片，只要不选中该复选框即可。现在，如果你有 300 多张照片，但只想要其中的一小部分导入怎么办？单击对话框底部的取消全选按钮，取消选择所有照片（如**图 1-31** 中红色方框所示），然后按住 Command（PC：Ctrl）键再单击选择你想导入的照片，把复选框勾上，这样你所选择的照片就会被导入 Lightroom 中。

提示：选择多张照片

　　如果你想要的照片是连续的，单击第 1 张照片，持续按住 Shift 键，向下滚动到希望导入的最后一张照片，并单击该图，Lightroom 能自动选中介于两张照片之间的所有照片。

步骤5

　　在导入对话框顶部中央位置可以选择从你的存储卡原样复制文件（复制），如果是RAW格式的照片或者是JEPG格式的照片，它们将保持不变，如果复制为DNG（数字负片），则在导入照片时它们将从RAW格式照片转换为Adobe公司的DNG格式。我一向将我的状态保存为复制，如**图1-32**所示。两种选项并不会把原图移出存储卡（你会注意到移动变成了灰色），仅仅只是复制，所以还是能够保留原图。以下是一些观看选项：（1）**所有照片**（默认），能显示存储卡内的所有照片；（2）**新照片**，Lightroom只显示尚未导入的照片，并隐藏了其余部分。

图 1-32

步骤6

　　在对话框右侧有较多的选项（如果你正在读这个高阶导入过程，你可能会了解这些选项的功能），例如在**文件处理**面板中有构建智能预览选项（我用笔记本电脑工作时才会启用这一选项，而且我知道我不需要用到原始高分辨率的图片，但我还是要编辑它们的开发模块），如**图1-33**所示。此外，有一个选项可以复制导入照片至另一个外置硬盘，但在这一外置硬盘内的照片不会被编辑修改，这些照片只是存储在外置硬盘的备份照片。面板上的最后一个选项是直接导入现有的集合（或从中创建新集合并导入）。在**在导入时应用**面板中可以应用预设导入照片和版权信息（源自元数据弹出菜单），如果你喜欢的话，还可以在关键字段中输入关键字。

图 1-33

图 1-34

图 1-35

步骤 7

文件处理面板下方是文件重命名面板，在该面板内可以自动重命名导入的照片。我时常利用这一功能为我的文件添加描述性名字。如果你选中了**重命名文件**复选框，便会显示模板下拉列表框。我选择了**日期 - 文件名**选项，所以 Lightroom 添加日期"20181208"到文件名前面（因而照片的命名为20181208-P15-01.jpg），如**图 1-34** 所示。仅看弹出菜单，可以看到 Lightroom 将如何重命名文件，选择你最喜欢的一个命名方式，或者是选择菜单底部的编辑按钮，创建一个你自己喜欢的命名方式。

步骤 8

最后，如果你长按右上角的到按钮，会弹出菜单供你选择导入图像的存储路径，如**图 1-35** 所示。若你希望导入的照片能存储在外置硬盘上，那么需要选择其它目标选项，选择你希望存储照片的文件夹（如旅行、人像、家庭或者婚礼）。在目标位置面板，我选中了进入子文件夹复选框，以描述性名字命名文件，如Williams_Arnone Wedding，然后单击进入一个文件夹。这样一来，你便可知以下 3 点：（1）照片来源于存储卡；（2）它们是从哪张卡上复制的；（3）复制的照片来自外部的储存卡，将保存在名为"Weddings"的文件夹里名为"Williams_Arnone Wedding"的子文件夹中。

1.9
使用智能预览功能在未连接外置硬盘时工作

在使用笔记本电脑时，你可能想把照片存在外置硬盘中，但如果没有连接外置硬盘，你就无法修改诸如曝光值或白平衡之类的属性，因为你没有使用原始的高分辨率文件（未连接外置硬盘）。未连接外置硬盘时，你可以使用的是便于排序的缩览图，但是却无法在修改照片模块中编辑它们，而构建智能预览功能能改变这一切。

步骤1

若想在"离线"状态（存储有图像的外置硬盘没有连接到笔记本电脑时）下仍可以编辑图像，你需要在导入对话框中将此功能打开。只需选中右上角的构建智能预览复选框（如**图1-36**红色方框所示），这样Lightroom就会显示出更大的预览，以供你在修改照片模块下编辑。当笔记本电脑与外置硬盘重新连接后，该编辑会应用到你的高分辨率照片中，非常方便。

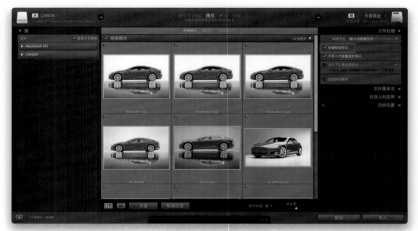

图 1-36

步骤2

当图像导入后，单击其中一张，在右上部的直方图面板的正下方你会看到"原始照片＋智能预览"的文字，如**图1-37**红色方框所示。这是在告诉你现在看到的是真实的原始图像（因为存储有真实的原始文件的硬盘处于与计算机连接的状态），但是它同时拥有了智能预览的功能。

提示：导入后的智能预览

如果你忘记在导入时选中构建智能预览复选框，不必担心。在网格中选中希望构建智能预览的照片，然后在图库菜单的预览命令中选择构建智能预览即可。

图 1-37

如果你发现自己在导入图像时总是使用相同的设置，你很可能想问："为什么我导入图像时每次都要输入这些相同的信息？"其实不需要这么做，你可以只输入一次，之后把这些设置转换为导入预设，Lightroom就能记住所有这些设置。你可以通过选择预设，添加几个关键字，再为保存图像的子文件夹选择不同的名称来设置导入预设。事实上，一旦创建了几个预设，就可以完全跳过全尺寸的导入窗口而使用其紧凑版本，从而节省时间。以下是操作步骤。

1.10
使用导入预设（和紧凑视图）节省导入时间

图 1-38

步骤 1

假设你正将存储卡中的照片导入至外置硬盘的Lightroom图库主文件夹里的"Portraits"文件夹。在导入照片的同时，你希望版权信息也能连带导入，则你可以选择Embedded & Sidecar，从而快速加载缩览图。单击导入对话框最底端的无，在弹出菜单中选择将当前设置存储为新预设（如图1-38所示），并添加描述性名称。

图 1-39

步骤 2

单击导入对话框左下角的显示更少选项按钮（向上的箭头），切换至紧凑视图（如图1-39所示）。你需要在底部的弹出菜单选择预设（如图1-39所示，选择我的存储卡（落实预设），然后输入照片导入的变化信息，比如子文件夹的描述性名称，这是照片导入后所存储的子文件夹。那么，这为何能节省时间呢？因为现在只需选中一个文件夹，然后输入子文件夹的名称，最后单击导入按钮即可，相比以前更为方便快捷。注意：单击左下角的显示更多选项按钮（朝下箭头）可以随时返回全尺寸的导入对话框。

1.11
为导入照片选择首选项

　　我把导入首选项放到这一章快结束的时候来介绍，因为你现在已经导入了一些照片，对导入过程有了充分的了解，知道自己希望有什么不同之处。这正是首选项所要扮演的角色（Lightroom中的首选项是为了给我们的操作提供大量的可操纵空间）。

步骤1

　　导入照片首选项位于两个不同的位置。首先，若要打开首选项对话框，请单击Lightroom菜单（Mac）或者编辑菜单（PC），选择首选项，如**图1-40**所示。

图 1-40

步骤2

　　首选项对话框弹出后，首先单击顶部的常规选项卡，如**图1-41**所示。在中间的导入选项区域下方，第1个首选项让我们告诉Lightroom，在相机存储卡连接到计算机时它的响应方式。默认时，它会自动打开导入对话框，如果你不想在每次插入相机或读卡器时自动打开该对话框，只要取消选中这个复选框即可，如**图1-41**所示。第2个首选项是Lightroom 5中新添加的设置，在之前所有的版本中，如果在另一个模块中使用键盘快捷键导入照片，那么Lightroom会丢下当前工作的照片不管，继而跳转到图库模块中显示当前正在导入的照片（通常Lightroom会假设你想要停止当前的工作，开始处理正在导入的这些图像）。而现在，你可以通过选中在导入期间选择"当前/上次导入"收藏夹复选框，以停留在当前所在的文件夹或收藏夹，使照片在后台导入。

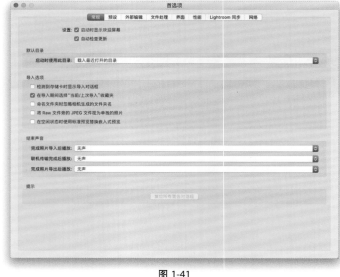

图 1-41

图 1-42

图 1-43

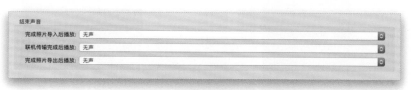

图 1-44

步骤 3

导入照片时，选择使用嵌入与附属文件预览，可以使Lightroom创建大的预览图。第5个首选项是在空闲状态时使用标准预览替换嵌入式预览，能在后台创建更大的具有精准颜色校对的预览，如**图1-42**所示。

步骤 4

常规选项卡中还有另外两个导入首选项。在结束声音区域上，不仅能开启完成图片导入的提示音，还能自定义提示音，音效可以在弹出菜单当中选择，如**图1-43**所示。

步骤 5

位于完成照片导入后播放正下方的是另外两种提示音的弹出式菜单。第1个是联机传输完成后播放，第2个提示音类型是完成照片导出后播放，如**图1-44**所示。本书接下来的章节会涉及其他的一些首选项，但由于本章是关于图片导入的首选项，所以目前只涉及部分首选项。

步骤6

现在，关闭首选项对话框，然后回到Mac上的Lightroom菜单或者PC上的编辑菜单，这次设置目录设置对话框。在目录设置对话框中（如**图1-45**所示），单击元数据选项卡。在此可以决定是否要读取添加到RAW格式的照片中的元数据（版权、关键字等），并将它写入一个完全独立的文件中，这样每张照片将有两个文件——一个包含照片本身，另一个为包含照片元数据的独立文件（称为XMP附属文件）。要完成这一操作，请选中将更改自动写入XMP中复选框。我们为什么要这样做呢？通常，Lightroom把添加的所有元数据记录在其数据库文件内——在照片离开Lightroom之前（向Photoshop导出副本，或者把文件导出为JPEG、TIFF或PSD格式的文件，所有这些格式都支持将元数据嵌入到照片本身），但Lightroom实际上不会嵌入信息。然而，一些软件不能读取嵌入的元数据，因此它们需要一个单独的XMP附属文件。

步骤7

尽管我介绍了将更改自动写入XMP中复选框，但实际上我并不建议你选中它，因为写入所有这些XMP附属文件要花费一些时间，这会减慢Lightroom的处理速度。如果你要将文件发送给朋友或客户，并且想把元数据写入一个XMP附属文件，首先请转到图库模板，并单击图像以选择它，然后按Command+S（PC：Ctrl+S）组合键，这是将元数据存储到文件的命令的组合键（该命令位于元数据菜单下）。这会将现有的元数据都写入一个单独的XMP附属文件中，这样就能把照片和XMP附属文件一起发送给朋友或客户。

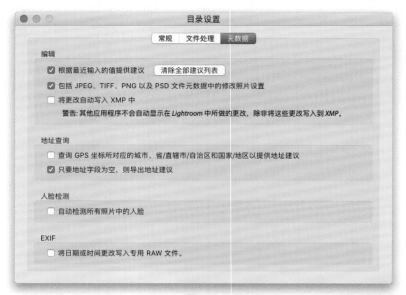

图 1-45

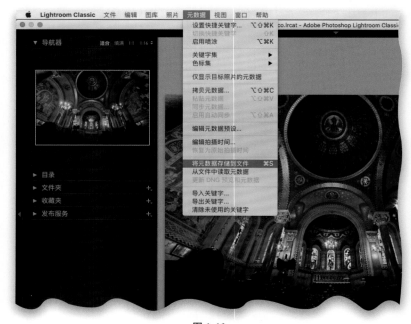

图 1-46

从相机厂商专有的RAW格式转变至Adobe DNG格式是可行的（DNG格式是一种公共存档格式），因为每个相机厂商都有专用的RAW格式文件，Adobe公司为了防止相机厂商因摒弃自有格式而带来问题，于是研发了DNG格式。但是，三大相机厂商不愿兼容DNG格式，所以我在几年前便停止转换图片格式了。但如果你希望将图片格式转换为DNG格式，请按以下步骤操作。

图 1-47

图 1-48

DNG 格式的两大优点

DNG格式具有两大优点：（1）DNG格式保留了RAW格式的特点，且文件尺寸比RAW格式小20%；（2）DNG格式文件不需要单独的附属文件。编辑RAW格式文件时，元数据实际上保存在一个称为XMP附属文件的单独文件中。如果想向他人传送RAW格式文件，并想让它包含版权信息、元数据和Lightroom中所应用的更改，就必须同时传送两个文件——RAW格式文件和XMP附属文件。但是，DNG格式可将这些信息嵌入文件自身内。DNG格式也有缺点，如导入需要更长的时间，因为你的原始文件必须首先转换为DNG格式。需要注意的是，DNG格式文件与其他图片应用不兼容。

设置DNG 首选项

按Command+,（PC：Ctrl+,）组合键，打开Lightroom的首选项对话框，接着单击文件处理选项卡，如图1-47所示。在顶部的DNG 导入选项区域中可以选择文件拓展名、可兼容的Adobe Camera Raw版本以及嵌入DNG图像的预览大小。尽管可以嵌入原来专用的RAW格式文件，但我却不这样做（它增加了文件的大小，大大丧失了上述的第一大优点）。在导入对话框顶部中央也可以选择复制为DNG，如图1-48所示。

1.13
使用 Lightroom 要了解的 4 件事

图像导入之后，你还需要了解 Lightroom 界面的一些使用提示，以便更好地使用它。

步骤 1

Lightroom有7个模块，每个模块的功能各不相同，如**图1-49**红色方框所示。当导入的照片显示在Lightroom之后，它们总是显示在图库模块的中央，我们在该模块内实现排序、搜索、添加关键字等操作。修改照片模块让我们可以对照片进行编辑（如改变曝光、白平衡、色调等），另外5个模块的作用显而易见（我就不赘言了）。单击顶部任务栏中任意一个模块按钮，即可从一个模块切换到另一个模块，或者也可以使用Command+Option+1 组合键选择图库，Command+Option+2 组合键选择修改照片，等等（在PC上，这些组合键应该是Ctrl+Alt+1、Ctrl+Alt+2，以此类推）。

步骤 2

Lightroom 界面内总共有5 个区域：顶部的任务栏、左侧和右侧的面板区域、底部的胶片显示窗格，以及总是显示照片的中央预览区域。单击面板边缘中央的灰色小三角形，可以隐藏任一个面板（使显示照片的预览区域变得更大）。例如，单击界面顶部中央的小灰色三角形，可以看到任务栏隐藏起来（如**图1-50**所示）；再次单击，它又显示出来（如**图1-51**所示）。

图 1-49

图 1-50

图 1-51

图 1-52

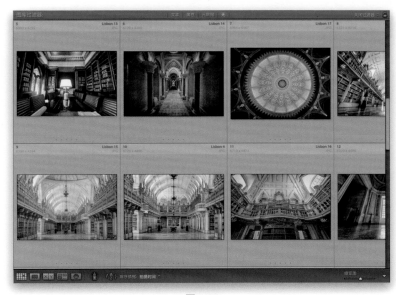

图 1-53

步骤 3

　　Lightroom 用户对其面板使用最不满意的是其自动隐藏和显示功能（该功能默认是打开的）。但其背后的设计理念独具匠心：如果隐藏了面板，在做调整需要它再次显示出来时，只需要把鼠标指针移动到面板原来所在位置，面板就弹出来了；调整完成后，鼠标指针移离该位置，面板自动退出视野。这听起来很棒，对吗？ 但是当鼠标指针移动到屏幕最右端、最左端、顶部或底部时，面板随时都会弹出来。我被它折腾疯了。在此，我来介绍怎样关闭它。右击任一个面板的灰色三角形，从弹出菜单（如**图 1-52** 所示）中选择手动选项，这样就可以关闭该功能。该操作是基于单个面板的，因此你必须对 4 个面板中的每一个执行该操作。

步骤 4

　　我使用手动模式，因此我可以在需要的时候打开或关闭面板。你也可以按快捷键 F5 键隐藏或显示顶部任务栏，按 F6 键隐藏或显示胶片显示窗格，按 F7 键隐藏或显示左侧面板区域，按 F8 键隐藏或显示右侧面板区域（在新版 Mac 键盘或笔记本电脑上，你可能需要同时按 Fn 键）。按 Tab 键可以隐藏两侧面板区域，但我最常用的一个组合键是 Shift+Tab，因为它可以隐藏所有面板，只留下照片可见，如**图 1-53** 所示。此外，每个模块的面板都遵循相同的基本思想。这里介绍一下两侧面板的主要用途：左侧面板区域主要用于应用预设和模板，显示照片预览、预设或正在使用的模板；其他所有调整位于右侧面板区域。

1.14
查看导入的照片

在我们开始排序和挑选照片之前，先花1分钟时间学习在Lightroom中怎样查看导入的照片。

步骤1

　　导入的照片显示在Lightroom中时，它们在中央预览区域内显示为小缩览图，如**图1-54**所示。使用工具栏（显示在中央预览区域正下方的深灰色水平栏）内的缩览图滑块可以改变这些缩览图的大小。向右拖动滑块，缩览图变大；向左拖动滑块，缩览图变小（滑块就是**图1-54**红色方框内的部分）。你也可以使用Command+ +（PC：Ctrl+ +）组合键来放大缩览图或者用Command+ –（PC：Ctrl + -）组合键来缩小缩览图。

步骤2

　　要以更大尺寸查看任一个缩览图，只需在其上双击，或者按键盘上的E键或按空格键即可。这种较大的尺寸被称作放大视图（好像我们通过放大镜观看照片一样）。默认时，照片按照浅灰色背景下预览区域的大小进行放大，使我们可以看到整幅照片，这被称作适合窗口视图。但是，如果你不想看到浅灰色背景，则可以在左上角的导航器面板中单击选择填满，然后再双击缩览图时，它就会把照片放大到填满整个预览区域（无灰色背景）为止，如**图1-55**所示。若你选择1:1后再双击缩览图，则会把照片放大到100% 实际尺寸视图。但我必须告诉你的是，照片不适合从微小的缩览图放大到巨大的尺寸。

图 1-54

图 1-55

图 1-56

（a）默认的单元格视图是扩展单元格，可以提供最多的信息

（b）按 J 键可以切换到紧凑单元格视图，单元格缩小，所有信息隐藏，只显示照片

（c）再按一次 J 键，每个单元格中就会显示一些信息和数字

图 1-57

步骤 3

我在导航器面板将预览图尺寸设置为适合，这样在我双击照片时，可以在中央预览区域看到整张照片。但是，如果你想仔细观察锐度，则会发现在放大视图下鼠标指针已经变为放大镜。如果在照片上单击，单击区域会变为 1：1 视图，如**图 1-56**所示，再次单击即可缩小。要回到缩览图视图（也称作网格视图），只需按键盘上的 G 键。这是最重要的键盘快捷键之一，一定要记住。它是一个非常方便的快捷键，因为当处在任何其他模块时，只要按 G 键就可以回到图库模块的缩览图网格视图。

步骤 4

缩览图周围的区域称作单元格，每个单元格显示了照片的相关信息，如文件名、文件格式、文件大小等。这里要介绍另一个需要了解的快捷键 J。每按一次这个快捷键，它就会在 3 种不同的单元格视图之间依次切换。每种视图显示不同的信息组：扩展单元格显示大量的信息，如**图 1-57（a）**所示；紧凑单元格只显示少量的信息，如**图 1-57（c）**所示；最后一种视图完全隐藏所有杂乱的信息（适合向客户展示缩览图），如**图 1-57（b）**所示。此外，按 T 键可以隐藏（或显示）中央预览区域下方的深灰色工具栏。如果长按 T 键，那么它只在长按 T 键期间隐藏工具栏。

1.15
两种形式的全屏视图

你可能会经常使用两种非常大的视图：一种是隐藏大多数信息的面板和工具等，并展示一个大的无杂物视图；另一种则会占满你的屏幕，并隐藏除了照片以外的所有东西。你会找到最喜欢的一种视图，但刚开始你可以两种都试一下，看看哪一个更适合你。

步骤 1

　　按Shift+Tab组合键隐藏所有面板（左、右、上、下），但Lightroom的菜单及其标题栏仍可在顶部显示。假如你想保持预览区底部的灰色工具栏可见，按T键就可以找到它。如果你在网格视图的页面中保持屏幕顶部的图库过滤器栏可见，你也可以看到它，要将其打开或关闭，请直接按\（反斜杠）键。注意：如果你将导航器面板左上方的设置选择为适合，则整个图像就会适应屏幕，然后你就可以在它四周看到灰色背景，如图1-58所示；相反的，如果你选择填满，它就会被放大来填满屏幕。最后，按Shift+Tab组合键就可以让一切恢复原样。以上所有的操作看起来都只是为了一个更大的视图，有点夸张，对吧？

图 1-58

步骤 2

　　如果你想要一个简单的全屏视图，按键盘上的F键即可；要返回到常规视图，就再按一次F键。对比上一种，这就容易多了。

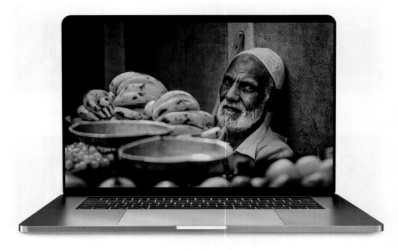

图 1-59

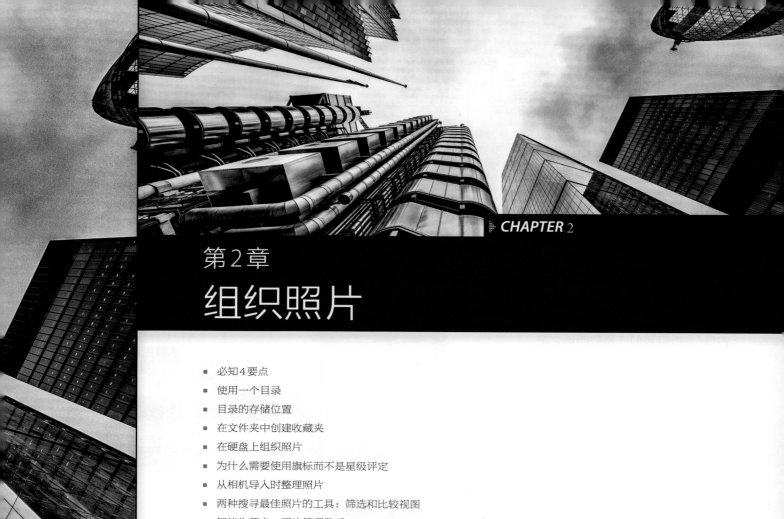

CHAPTER 2

第 2 章

组织照片

- 必知4要点
- 使用一个目录
- 目录的存储位置
- 在文件夹中创建收藏夹
- 在硬盘上组织照片
- 为什么需要使用旗标而不是星级评定
- 从相机导入时整理照片
- 两种搜寻最佳照片的工具：筛选和比较视图
- 智能收藏夹：照片管理助手
- 使用堆叠功能让照片井井有条
- 添加关键字（搜索关键词）
- 使用面部识别功能快速寻人
- 重命名照片
- 使用快捷搜索查找图片
- 解决"无法找到该文件"的报错
- 按日期整理照片（后台自动执行）
- 备份目录

2.1
必知4要点

本章的学习内容是照片管理系统——"SLIM"系统，又称"简化Lightroom图像管理"系统，"SLIM"是"Simplified Lightroom Image Management"的首字母缩写。管理方法是将照片移动至外置硬盘之后，根据照片主题进行分类。第1章已简要地介绍过整理照片的方法，该方法是SLIM系统的核心。关于照片整理，还有以下4点需要注意。

第1点：文件夹面板——敬而远之

我遇到过有些人的Lightroom文件夹面板杂乱无章，致使照片永久丢失。使用文件夹面板整理照片有些冒险，可能会造成不可逆的永久损失，所以我不推荐使用文件夹面板整理照片。文件夹面板是Lightroom的重要组成部分（如图2-1所示），但如果"一失足"，或许会造成"千古恨"，所以我们还是敬而远之吧。

图 2-1

第2点：善用收藏夹

相比文件夹面板，收藏夹会很稳妥，所以7个模块里都有收藏夹的功能，但文件夹面板仅是图库模块的功能。另外，同一张照片放置在不同的收藏夹内是可行的，但文件夹不支持这一功能。右击文件夹，选择创建收藏夹即可将文件夹变为收藏夹，如图2-2所示。

图 2-2

图 2-3

第3点：收藏夹也是相册

遥想当年的照片时代，我们会把喜爱的照片打印出来，井然有序地放置在相册里，对吧？在Lightroom里也可以做到，只是叫法不同，"相册"被称作"收藏夹"。我们可以拖曳喜爱的照片到收藏夹里（如**图2-3**所示），整齐地保存着，甚至可以把同一张照片放置在不同的收藏夹里。简而言之，收藏夹的功能很强大！

图 2-4

第4点：整理收藏夹集内的收藏夹

如果你有许多相关主题的收藏夹，如意大利之行、圣弗朗西斯科之行、夏威夷之行、巴黎之行等，则可以把同类主题的收藏夹归集到收藏夹集里。如此一来，所有旅行的收藏夹都归集到了一起（就像硬盘上的文件夹一样）。仔细观察收藏夹集的图标，是否像在文具店里购买的文件筐？你不仅可以在收藏夹集里放收藏夹，还能放收藏夹集，如**图2-4**所示。使用收藏夹和收藏夹集开辟了一个全新的世界——只有在收藏夹中工作时才能访问的功能。例如，如果你想要在手机或平板电脑上使用Lightroom，则必须使用收藏夹（不能对文件夹执行此操作）。Lightroom将会是一个基于收藏夹的工作流程，所以善用收藏夹对于使用Lightroom将会事半功倍。

2.2 使用一个目录

你可能会想这节内容出现得是不是太晚了，不用担心，现在还不晚，接下来我们将学习如何解决这一问题。如果你想轻松、有条理且不费时地使用Lightroom，那你就可以用一个目录去存储所有数据。在不影响运行速度的前提下，一个目录最多可以存储多少图像呢？事实上，我们也不知道它的极限在哪里。曾有用户在一个目录中使用了超过600万张图像，而现在这个用户还依然在不断地添加新的图像。所以说，只使用一个目录是行得通的。

步骤1

如果你刚开始接触Lightroom，那一切就非常简单了：你在屏幕上看到的照片就是你的目录，你不需要再去创建新的目录，而你也将会用这个目录来进行接下来的操作。但是，如果你现在已经有了很多个不同的目录的话，有两种方法可以让它们合并成一个目录。方法1是将所有目录合并到单个现有目录中。这个操作将会使页面整洁美观，不过别担心，它不会改变其他目录中的排序、元数据和编辑等任何内容，所以它的操作很简单。方法2是你可以从任何你喜欢的（或者是最完整的）目录开始，然后再在这个目录上合并其他目录。

图 2-5

步骤2

现在，你需要找到你的其他目录并把它们全部导入这个目录中。你需要在文件菜单下选择从另一目录导入（如**图2-6**所示），然后再转到你在计算机上存储Lightroom的位置（我猜它是在计算机的"图片"文件夹或者是"我的图片"文件夹中，单击打开就可以找到一个名为"Lightroom"的文件夹）。在找到其中任一目录后，你就可以开始操作了。

图 2-6

图 2-7

图 2-8

步骤3

单击选择按钮，你就可以看到从目录导入对话框，在屏幕中间可以看到其他目录中所有的收藏夹和每个收藏夹中有多少张图像。在当前打开的目录中，如果有相同名称和照片的收藏夹，你就需要关闭其中一个。此外，你还需要将文件处理下拉列表框设置为将新照片添加到目录而不改变其内容，如**图 2-7** 所示。在这之后，你就只需单击右下角的导入按钮，然后只需喝一杯咖啡的工夫，这些收藏夹就全部都添加到你当前打开的目录中去了。在导入成功后，你需要：（1）先按主题将所有的图像归类到对应的收藏夹中；（2）再将已经合并好的旧目录删除。之后，你也可以对其他的目录进行相同的操作。做完这些，你会发现你花的时间比想象中少得多。当一切操作完成后，你就已经把所有的图像都存储在一个目录中了，一切都变得十分整洁！

步骤4

假如在那么多目录中都没有你特别喜欢的一个，你就可以新建一个空目录并将所有其他目录导入其中。在文件菜单中选择新建目录，然后就在这一空目录中按照上述方法将其他目录导入其中即可，如**图 2-8** 所示。最后，你就已经将所有的图像都存储在一个目录中了，以后使用Lightroom 就可以更加轻松便捷。

2.3
目录的存储位置

虽然我们很希望可以将图像存储在外置硬盘上，但要使Light-room发挥其最佳性能，最好还是将Lightroom的目录直接存储在计算机内。

步骤1

如果你已经将目录存储在外置硬盘上了，你就可以直接将其复制到你的计算机上，以使Lightroom的性能得到充分发挥。在复制目录之前，我建议你先在外置硬盘上创建一个名为"目录备份"的新文件夹，再将现有目录与"预览"文件夹拖到该文件夹中，如**图2-9**所示。在这过程中，我们应该创建备份，以防在操作的过程中出现问题导致数据丢失。同时，该过程改变了目录的位置，这样我们在启动Lightroom时就不会启动在外置硬盘上的备份目录。

步骤2

双击进入"目录备份"文件夹，拖曳一些文件到计算机的"图片"或"我的图片"文件夹中，再放到名为"Lightroom"的文件夹中去，如**图2-10**所示。这些文件包括：（1）一个扩展名为".lrcat"的文件（实际目录文件）；（2）一个扩展名为".lrdata"的文件（缩览图预览）；（3）如果你创建了任何智能预览，就会有一个扩展名为".lrdata"的文件，除此之外，它的文件名中还会出现"智能预览"这几个字。做完这些之后，双击刚刚复制的扩展名为".lrcat"的文件，你就可以开始使用这个目录了。

图 2-9

图 2-10

我们必须远离文件夹，它们太危险了。但不管怎么说，我们还是不可能远离文件夹的。所以，接下来我们就要学习如何在文件夹中创建一个收藏夹。当然，我们不会删除任何文件夹，只是要使用收藏夹而已。这些文件夹里放置着我们的图像，其重要性不言而喻，但在创建收藏夹之后就不需要再理会这些文件夹了。

2.4
在文件夹中创建收藏夹

图 2-11

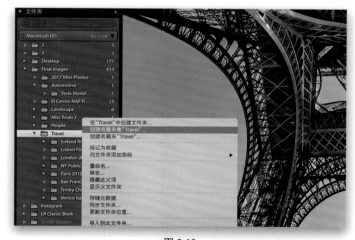

图 2-12

步骤 1

以前在文件夹中创建收藏夹是相当复杂的，但 Adobe 让这步操作变得非常简单。你只需在文件夹面板中右击要转化为收藏夹的文件夹，然后从弹出的菜单中选择创建收藏夹即可（如**图 2-11** 所示），这就是它的全部操作过程。在收藏夹面板中，你就能看到新的收藏（按字母排序）了。

步骤 2

如果你的文件中包含了其他的文件夹，那就需要右击该文件夹，选择创建收藏夹集，如**图 2-12** 所示。在这个收藏夹集中，所有的文件都保持不变，但你在它们之间创建了收藏夹。这就如同一个有着彩虹和小狗的乐园，小狗会打滚并舔舐着你的手一样，一切都很美妙。使用收藏夹集会让你更加轻便、愉快地使用 Lightroom。

提示：

我以前说过（就像本页上的简介所提及的一样），就算你现在已经创建了收藏夹也不要删除任何文件夹，因为它们存储了你的实际图像文件。不用理会也不要去操作它们，你现在是一个有收藏夹的人了，不用再管过去那种旧的工作方式。

2.5
在硬盘上组织照片

接下来，我要教你使用一个简单、系统的在外置硬盘（之所以说是外置硬盘，是因为我希望你已经将所有的照片都移到外置硬盘中了。但如果没有也没关系，你依然可以使用这一方法）上组织照片的方法。

步骤 1

我希望你已经细读了本章的第 1 部分，只有这样我们才能继续深入学习。还记得在第 1 章中你在外置硬盘上创建的主题文件夹吗？现在我们需要在 Lightroom 中充分利用收藏夹集和收藏夹模仿与其相同的操作和设置。因此，我们首先要切换到收藏夹面板，单击面板标题右侧的 +（加号）按钮，然后选择创建收藏夹集，如**图 2-13** 所示。接着我们要为该收藏夹集命名，并将其存储在外置硬盘上，如**图 2-14** 所示。

步骤 2

在创建了第 1 个收藏夹集之后，你就要开始将适合这个主题的收藏夹拖曳到现有的收藏夹集中。假设你创建的第 1 个收藏夹集为 "Sports"，你就可以将你拍摄的所有运动照片拖曳到该收藏夹集中，这些照片就被收藏了。你也可能会有许多其他主题的照片，比如说赛车，那么你就需要在 "Sports" 的收藏夹集中再创建一个赛车的收藏夹，最后将赛车的照片归类于赛车的收藏夹中。在我自己的 "Sports" 收藏夹集中，我分别创建了橄榄球、棒球、网球、赛车、杂项体育、曲棍球和篮球等收藏夹。并且，在我的橄榄球收藏夹中，我还分别创建了校园橄榄球和国家橄榄球联盟的收藏夹，在 "NFL"（美国国家橄榄球联盟）的收藏夹集中，包含了 Bucs 赛事和 Falcons 赛事的两个收藏夹，如**图 2-15** 所示。

图 2-13

图 2-14

图 2-15

图 2-16

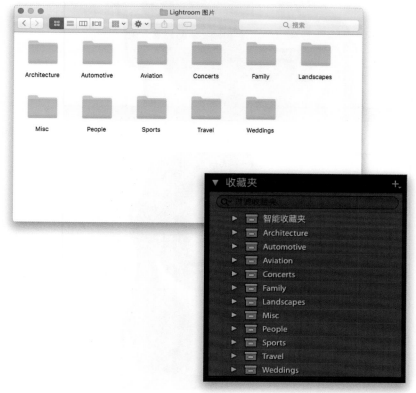

图 2-17

步骤 3

现在，你需要为外置硬盘上的每个主题文件夹创建一个收藏夹，然后将文件夹中创建的以及在收藏夹面板中创建的任何收藏夹或是其他内容放入相应的主题中，如图 2-16 所示。所以，高中足球比赛的射门图片是在体育主题的收藏夹集里；你儿子毕业时的照片是属于家庭主题收藏夹集的；某次你拍摄的花的特写镜头是属于杂项主题收藏夹集的（如果你拍摄了许多鲜花的照片，你也可以创建一个鲜花主题的收藏夹集）。如果你不确定孩子足球比赛射门时的照片是属于体育还是家庭的话，也可以将图片分别添加到两个收藏夹集中。这就是收藏夹的美妙之处，一张图像可以放在多个收藏夹中（但如果你仍在使用文件夹，则不能这样操作）。

提示：删除收藏夹

如果你要删除收藏夹或者收藏夹集，右击它就会弹出菜单，选择删除选项，它就会提醒你已收藏的图片仍保留在你的目录中（这是一件好事）。

步骤 4

图 2-17 上方的图显示了这些收藏夹在外置硬盘上的样子（你可以看到收藏夹的主题，当然，你的收藏夹也会显示出你拍摄的图片的主题）。当你在收藏夹上模拟了类似的结构之后，图 2-17 下方的图就是 Lightroom 的收藏夹面板应该显示的样子。单击收藏夹集左边的小三角形，它就会展开这个收藏夹集，显示出其中所有的收藏夹。

2.6
为什么需要使用旗标而不是星级评定

我为摄影后期研习班的同学授课时，总能发现有学生对为什么需要使用旗标而不是星级评定感到困惑。1～5星评级系统是学生们的绊脚石，他们总会耗费大量的时间精力在这一系统上。其实，评级并不重要，重要的是被白白浪费掉的时间。星级评定的目的在于分辨出哪张照片是佳作，哪张照片失焦了，哪张照片应该进入回收站。但设置旗标能让用户快速、准确地分辨出哪些照片拍得好，哪些拍得不好。接下来我将为大家讲解如何利用这一核心功能点整理照片。

步骤1

挑照片时，我们会瞬间把最佳的镜头挑出来，同时也会剔除掉失焦、误拍和曝光不足的照片，这类照片除了占用存储空间之外再无用武之地。旗标就好比"照片管理器"，能标注出拍得不错的照片和需要删除的照片，很是方便快捷。首先，请双击照片进行放大处理，按住Shift+Tab组合键隐藏所有面板，或者直接按快捷键F全屏放大照片。然后快速浏览照片，如果照片拍得不错，可以按快捷键P将其标注为选取。如果隐藏了所有面板，则标记为选取图标会出现在图片底部，如**图2-18**所示。全屏浏览照片的模式下，只能看到一面小白旗出现在屏幕中。

步骤2

简而言之，看到不错的摄影作品，按下P键；反之，按方向键→切换至下一张。但若浏览到非常糟糕的照片（如**图2-19**中拍摄主体不巧闭眼且失焦的照片），那么可以直接按快捷键X标注为排除。为照片标注选取或排除的标记后，若对照片的审视态度有所改变，可以直接按U键取消标记照片。

提示：

如果你启用了照片菜单下的自动前进，那么为照片标记选取之后，系统会自动地切换至下一张照片。

图 2-18

图 2-19

图 2-20

图 2-21

步骤 3

　　进入 Lightroom 之后，你能看到标记为选取的照片，还可以直接处理标记为排除的照片（任何时候都能删除这类照片，但是如果早点删除，无用的照片就不会加载到屏幕上，也不会占用太多的存储空间）。单击窗口顶部的照片菜单，在弹出菜单底部选择删除排除的照片，如**图 2-20**所示。在网格视图的页面上会显示即将被删除的照片（可以在这一刻再三斟酌是否决定删除照片），同时会弹出对话框询问是否要从 Lightroom 删除照片，或是删除硬盘上的照片。我一般会把标记为排除的照片从硬盘上删除。

步骤 4

　　我们一般只会使用 5 星评级，输入数字 "5" 即可为照片做 5 星评级，如**图 2-21**所示。接下来为大家介绍如何运用这类评定方式。一般来说，1~4 星的评级不如 5 星评级使用频繁。如果对星级评定不感兴趣，可以利用不同的颜色标签对照片分类。但是，星级评定和颜色标签的修改数据不会连带传输到移动设备上的 Lightroom CC，所以我一般会忽略评级。但为专业模特拍摄时，一般会配有化妆师、时装设计师和发型师，我会让他们用彩色标签来标记他们认为出彩的摄影作品。这样我便可以快速找到他们中意的照片，然后再通过电子邮件或信息的形式给他们发送过去，最终上传至他们的社交媒体上。

从相机导入时整理照片

我们将在本节学习从相机里导入照片时该如何整理照片，我也将为大家介绍我的照片整理之道。直白地说，该方法的关键在于连贯性。

步骤1

第1步当然是从相机存储卡导出到Lightroom。成功导出照片至Lightroom之后，照片会出现在网格视图内，等待下一步的一系列操作，如整理、编辑等。但开始着手下一步之前，请转到收藏夹面板，单击面板顶部右侧的 + 按钮，在弹出菜单内选择创建收藏夹集，然后为新建的收藏夹集添加描述性名称。**图2-22**所示的照片均在里斯本拍摄，所以我将收藏夹集命名为"Lisbon"。在此之前，我创建了名为"Travel"的收藏夹集，收录着旅行时拍摄的作品。所以，我选中了在收藏夹集内部复选框，然后在弹出菜单里选择"Travel"，最后单击创建。

步骤2

在"Travel"收藏夹集内，有名为"Lisbon"的收藏夹集。下一步，单击编辑菜单，选择全选（PC：Ctrl+A；Mac：Command+A），选中"Lisbon"收藏夹集内的所有照片。再回到收藏夹面板，单击 + 按钮，但这次有别于上一次，需要选择弹出菜单的创建收藏夹。出现创建收藏夹对话框之后，为该收藏夹命名为"Full Shoot"（以便下次搜索关于Lisbon的所有照片），如**图2-23**所示。

图 2-22

图 2-23

图 2-24

图 2-25

步骤 3

　　在位置区域选中在收藏夹集内部，并在弹出菜单中选择"Lisbon"收藏夹集（该菜单会显示所有收藏集）。在选项区域，包括选定的照片复选框会自动选中。若没选中，请选中，否则系统会忽略你刚刚所选中的照片。选中后，单击创建，如**图 2-24**所示。系统会将新建的"Full Shoot"收藏夹存储在"Lisbon"收藏夹集内。

步骤 4

　　从这一步开始，可以使用 2.6 节介绍的设置旗标的方法从拍摄中找出最佳照片。双击放大照片（Lightroom 称其为放大镜视图），按 Shift+Tab 组合键隐藏所有面板之后即可开始浏览照片。浏览到出彩的照片时，按下 P 键，如**图 2-25**所示；如果看到不喜欢的照片，则按→键切换至下一张。再者，浏览到很难看的照片时可以直接按下 X 键标注为排除。如果弄混的话，我会按 U 键取消标记。这一阶段的速度可以快一些，因为在下一步还有机会仔细挑选照片。因此，当图像出现在屏幕上时，我会快速做出决定，很快就能浏览完拍摄的作品。浏览完毕后，我们便可进入下一步。

步骤5

标记上选取或排除之后，就可以删除排除类型的照片。按G键返回网格视图页面，再按Shift+Tab组合键取消隐藏目录面板，单击上次导入。然后单击照片菜单，选择删除排除照片。面板上只会显示标记为排除的照片。这时会弹出对话框询问是否确定从Lightroom中删除照片，如果确定删除，单击移去按钮即可。你也可以选择从硬盘删除照片，如**图2-26**所示。

图 2-26

步骤6

现在将目光移至标记为选取的照片。请单击"Lisbon"收藏夹集中的"Full Shoot"，并确保底部的胶片显示窗格可见。筛选器会出现在胶片显示窗格的右上方，筛选器的右侧是3个灰色的小旗。要查看你的精选，请双击第1个小旗（白色），标记为选取类型的照片便会显示出来。顺便说一下，只需要在第1次使用时双击白色小旗。单击第2个小旗会显示有留用旗标和无旗标的照片。

提示：使用其他选择筛选器

还可以选择从中心预览区域顶部显示的图库过滤器栏中查看留用、排除或未标记的照片（如果面板上未显示，只需在键盘上按下\键即可）。单击属性之后，弹出一个栏，如图2-27所示。单击白色的小旗，便可过滤留用类型的照片。

图 2-27

图 2-28

图 2-29

步骤 7

既然只可见选取了的照片，则可按 Command+A（PC：Ctrl+A）组合键选中所有当前可见照片（选取类型），然后将其移动至收藏夹内。Command+N（PC：Ctrl+N）是创建收藏夹的组合键，按下组合键后会弹出创建收藏夹对话框。弹出创建收藏夹对话框后，将收藏夹命名为"Picks"，当然，这些照片是在里斯本（Lisbon）拍摄的精选照片，可以放入"Lisbon"收藏夹集中。如果没有默认选择，应该在弹出菜单内选择"Lisbon"。选中包括选定的照片复选框之后，单击创建。做完这一步，在"Travel"的收藏夹集内有名为"Lisbon"的收藏夹集，而"Full Shoot"和"Picks"这两个收藏夹在"Lisbon"收藏夹集当中，如**图 2-28**所示。

步骤 8

在"Picks"收藏夹中有些出彩的照片，这也是之后会邮件发送给客户，或需要打印，再或者是需要添加到作品集中的照片。因此，我们需要完善排序过程，以便从这组收藏夹中找到最好的照片作为我们的选择。标记为选取后，所有精选照片已经在"Picks"收藏夹中。所以，我们可以选择"Picks"收藏夹中的所有照片并按下字母键 U 以取消所有照片的旗标（如**图 2-29** 所示），然后再次挑选标记，将我们的精选范围缩小到最好中的最好（我们的选择）。但是，如果我们使用的是那种 5 星级评级会怎样呢？虽然此处的做法在后期会非常方便（当我们进入智能集合时），但那些挑选标志将无法帮助我们（稍后会详细介绍）。

步骤9

　　我们可以利用5星评级的方法从优秀的照片中选出出色的照片。可以开始优中选优的工作了，以下称出彩的照片为"精选作品"。优中选优时，我们可能会变得挑剔和纠结，所以这个过程会很费时。没必要在这一步放大图像（因为从"Picks"收藏夹挑选优秀照片的最终数量比总数少得多）。在你的"Picks"收藏夹中，双击第1张照片（左上角的第1个缩览图）使其变大（将其放入放大镜视图），按Shift+Tab组合键便可以开始挑选可以评5星的照片了，如**图2-30**所示。

图 2-30

步骤10

　　浏览拍摄的作品时，看到拍得不错的照片（可以进行编辑的照片、可以上传网络的照片、可以发送给客户的照片等）可以在键盘上按数字键5，这样就可以看到屏幕上出现5颗星星，即为5星评级（全屏模式下，"将星级设置为5"的提示会出现在屏幕底部，可以看到5颗星星亮起），如**图2-31**所示。

图 2-31

图 2-32

图 2-33

步骤 11

　　斟酌好哪些标记为选取的照片应该在评完 5 星之后，这样便可以将其放入第 3 个也是最后一个收藏夹内，但首先需要只显示 5 星照片而隐藏其余照片。在胶片显示窗格中，在小旗的右侧能看到 5 颗灰色的星星。从左向右单击 5 颗星以突出显示所有 5 颗星（如**图 2-32** 所示），从而可以筛选掉其他照片，达到只可见 5 星照片的目的。和以前一样：选中全部，按住组合键 Command+N（PC：Ctrl+N）新建收藏夹，将其命名为"Selects"，并将其保存在"Lisbon"收藏夹集中。

步骤 12

　　现在"Lisbon"收藏夹集中有 3 个单独的收藏夹："Full Shoot""Picks""Selects"。因为"Selects"收藏夹里的照片是最出彩的照片，所以可以只对该收藏夹里的照片做后期修改，如**图 2-33** 所示。但如果需要其他额外照片（作相簿或幻灯片用途），可以在"Picks"收藏夹里挑选一些好的照片进行编辑。好了，掌握了这么一个套路之后，该如何处理人像摄影的照片呢？可以将照片移动至你的人像照片收藏夹集中，以拍摄主体的名称命名（比如"艾莉森的头像"），并在这个收藏夹集中下设 3 个收藏夹："Full Shoot""Picks"和"Selects"。风光主题的照片该如何处理？同样的，将照片移动至你的风景照片的收藏夹集中，在相应的拍摄地点的收藏夹集内，下设 3 个收藏夹："Full Shoot""Picks"和"Selects"。什么主题并不重要，但如果每类主题的照片都按照同样的方式分为"Full Shoot""Picks"和"Selects"，保持这样的一致性，整理照片的效率肯定会有所提升（并且能快速地找到你需要的照片）。

2.8
两种搜寻最佳照片的工具：筛选和比较视图

许多相似的照片（如人像摄影）混杂在一起时，挑选照片便成了件苦差事，但Lightroom提供了两种可以简化照片挑选过程的工具：筛选视图和比较视图。

步骤1

面对许多相似的照片（如姿势相同）时，我会用筛选视图从该组照片里挑选出最佳照片。选中相似照片之后 [选中一张，按住Command（PC：Ctrl）键并单击选中其他照片——我在此处选中了6张照片] 再进入筛选视图（如**图2-34**所示），按下键盘上的字母键N。从相似照片合辑里选出中意的照片很难，而从喜欢的一组中进行选择会更容易。剔除过程即为筛选视图的功能。查看你不喜欢的照片时，将鼠标指针移到照片上，右下角会出现"×"图标，如**图2-34**所示。

图 2-34

步骤2

单击"×"图标，则可以将照片从浏览面板中移除。Lightroom不会真正地删除照片，也不会将其从收藏夹移出，只会暂时从面板移除该照片（现在屏幕上只剩下5张照片，如**图2-35**所示）。然后，对你不喜欢的其他照片做重复操作：单击照片右下角的"×"图标，将其从面板中删除。

图 2-35

图 2-36

图 2-37

步骤 3

　　图 2-36 所示的面板上只留下了 3 张照片，如果这 3 张你都喜欢，可以将它们评为 5 星照片。只剩下 1 张经过 6 轮筛选之后剩下的照片时，按键盘上的数字键 5 将其标记为 "Selects" 收藏夹的 5 星照片。比较视图是另一种筛选照片的方法。该方法让照片两两进行比较，而非将一堆照片排列在窗口中。按 Shift+Tab 组合键隐藏所有面板，选择要进行比较的图像组，再按快捷键 C 进入比较视图。工作界面左侧会出现一张照片，称为选择照片，另一张在右侧，称为候选照片，如**图 2-37** 所示。

步骤 4

　　最后，选择这一侧的照片是你挑选出的喜欢的照片，但现在需决定你更喜欢这两张中的哪一张。相比右侧的照片（候选照片），如果你更喜欢左侧的照片（选择照片），请按键盘上的→键切换至下一张照片。左侧的照片会保持不变，右侧的照片会被下一张候选照片顶替。如果你更喜欢右侧的候选照片，请单击工具栏中的互换按钮（**图 2-37** 所示的红色方框标注处），则候选照片会移动到左侧，成为选择照片，新照片会顶替成为候选照片。注意：如果隐藏了工具栏，请按 T 键取消隐藏。如果选择 7 张照片进行比较，最后 1 张照片便会停留在窗口中（不再有候选照片）。如果你认为选择这一侧的照片很好看，那这就是你最喜欢的照片。如果你更喜欢右侧的候选照片，请单击互换按钮，再单击工具栏中的完成按钮进入放大镜视图，最后按数字键 5 将照片评为 5 星。

2.9
智能收藏夹：照片管理助手

如果有一名助手能帮你整理照片，听起来是不是很兴奋呢？"请帮我收集过去60天拍摄的所有评星为5星的照片，但只需要收集我用5D Mark IV拍摄的横屏照片，并且需要有GPS数据，然后自动将其放入收藏夹中。"其实这就是智能收藏夹的用武之地，智能收藏夹会根据你的一系列标准收集照片，并自动把照片纳入收藏夹中。这听起来是不是很像助理或是神奇的照片管家呢？

步骤1

要了解智能收藏夹的强大功能，你需要创建一个收录去年所有最佳拍摄作品的收藏夹，并且全部采用横向格式，这样就可以创建一个收录你喜爱的摄影作品的日历，作为送给家人和朋友的礼物。在收藏夹面板中单击面板标题右侧的＋按钮，然后从弹出菜单中选择创建智能收藏夹。该操作会打开创建智能收藏夹对话框。在顶部的名称文本框中为智能收藏夹命名（如Best of 2017 for Calendar），然后在匹配下拉列表框内选择全部，如**图2-38**所示。这样一来，添加的任何条件都将包括在智能收藏夹中。

步骤2

在匹配下拉列表框下方，将星级（这是第1个默认值）右侧选项设置为是，则能看到右侧显示出5颗星星。单击第5颗星，将星级调到5。如果此时单击创建按钮，所有5星照片将会被收录到一个新的收藏夹。我们可以再添加一个条件，使其只收录2017年以后的5星照片。单击最右侧的＋按钮，即可添加新一行标准。在第2行第1个下拉列表框中选择日期中的拍摄日期，然后在右侧下拉列表框中选择介于，并在文本字段中输入"2017-01-01"至"2017-12-31"，如**图2-39**所示。

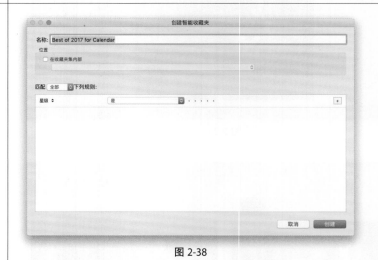

图 2-38

图 2-39

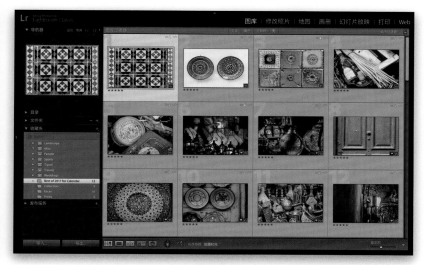

图 2-40

图 2-41

步骤 3

如果这时单击创建按钮，一个包含2017年所有5星照片的收藏夹便成功创建了，非常方便。但创建日历时，需要所有照片格式为横屏格式（非竖屏），所以还需增加另一行条件。单击第2行条件最右侧的 + 按钮，然后在第3行第1个下拉列表框中选择长宽比，在中间的下拉列表框中选择是，然后选择纵向，如图2-40所示。单击创建按钮之后，新建的收藏夹里全是2017年的5星的纵向照片。但如果今天导入的照片已经符合这些条件，则这些照片会自动添加到该智能收藏夹里。

提示：添加子条件

如果想创建更智能的智能收藏夹，可长按Option键（PC：Alt键），直至条件行尾的 + 按钮变更为 #（数字符号）按钮。单击#按钮，系统会新增一个子条件行，子条件行可以提供更多创建智能收藏夹的高级选项。

步骤 4

单击创建按钮之后，Lightroom 会整合所有符合条件的照片，将其收录至收藏夹中，并添加到收藏夹面板。智能收藏夹的右下角有个小齿轮图标，可以让你快速分辨出哪些是标准收藏夹，哪些是智能收藏夹。但需要注意以下几点：如果决定要更改、添加或删除智能收藏夹的任何条件，双击智能收藏夹即可打开编辑智能收藏夹对话框，然后可以在对话框内添加（+按钮）条件或删除（-按钮）条件。

2.10
使用堆叠功能让照片井井有条

为收藏夹"去杂乱"可以使用Lightroom的堆叠功能，即用一个缩览图来表示一连串非常相似的照片。比如当用HDR拍摄时，拍摄了7帧（看起来略有不同），但只需要1帧就可以代表所有7帧（因为都是完全相同的场景，区别仅仅在明亮度上）。虽然可以手动实现堆叠功能，但你可能会更喜欢自动实现堆叠照片的功能。

步骤1

现在，我们已经导入了一组模特照片，你会发现有不少照片中的人物都是保持同一个姿势的。所有这些照片全部呈现在一起会增加页面的无序感，使得寻找"保留照片"的过程更加困难。所以，我们打算将人物姿势相似的照片放到一个堆叠组内，并用其中一个缩览图来表示，剩下的照片都堆叠在这个缩览图后面。首先，请选中姿势相同的一组照片中的第1张（图2-42中选中的高亮照片），然后按住 Shift键并单击本组照片的最后一张（如图2-42所示），选中本组中的所有照片（你也可以在胶片显示窗格内进行照片选择）。

步骤2

现在，请按住Command+G（PC：Ctrl+G）组合键，将所有选中的照片放入到一个堆叠中（这个键盘快捷键很容易记，字母键G代表单词Group，即"组"）。如果现在去看网格视图，你就会发现只有一个此种姿势的缩览图。这样操作不会删除或者移走同组中的其他照片——它们只是被堆叠在这个缩览图之外（在计算机系统中，我们要做的只是信任这种机制）。我们可以看到缩览图左上角的小白格里显示数字28（如图2-43红色方框所示），从而得知这一网格视图里堆叠有28张相同的照片。

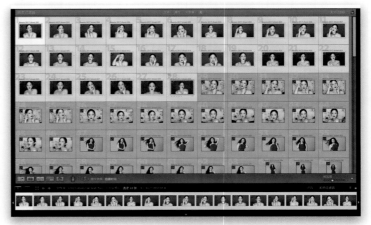

图 2-42

图 2-43

图 2-44

图 2-45

步骤 3

　　我将相同姿势的照片分成了一组，并按下 Command+G（PC：Ctrl+G）组合键堆叠照片，现在我只需要关注 5 个缩览图，这些缩览图代表了在步骤 1 中的所有图像，如图 2-44 所示。你在这看到的视图称为堆叠视图。如果要查看堆叠中的所有照片，请单击缩览图并按快捷键 S，或者单击每个堆叠视图左上角的数字，还可以单击缩览图两侧的细长条标志（若想折叠堆叠，只需要重复以上任何一种操作即可）。如果想将某张照片添加到已经存在的堆叠组中，只需要将目标照片拖曳至对应的堆叠组中。如果不想堆叠照片，请右击堆叠的缩览图，然后选择快捷菜单的堆叠中的**取消堆叠**。

提示：选择堆叠封面照片

　　创建堆叠时选中的第 1 张照片会成为缩览图封面。若要选择其他照片作为缩览图封面，请展开堆叠，将鼠标指针悬停在照片上，然后单击左上角的堆叠数字即可将其移动到前排，成为新的封面照片。

步骤 4

　　手动堆叠需要时间，这就是为什么我喜欢让 Lightroom 根据拍摄时间自动完成堆叠。单击照片菜单的堆叠，选择按拍摄时间自动堆叠，如图 2-45 所示。这会打开一个对话框，对话框中的滑块会根据你希望的堆叠时间间隔来自动创建堆叠。单击堆叠时看似没有任何反应，这是由于堆叠已展开。要查看整齐的堆叠，请返回堆叠菜单，选择折叠全部堆叠。

2.11
添加关键字
（搜索关键词）

对于许多记者、商用摄影师以及售卖图库的商家这些专业人士来说，他们平日工作的一部分内容是给图像添加关键字（搜索关键字）。对于其他人，这可能就显得很浪费时间，尤其对于那些平时做事就很有条理的人，因为他们就算没有关键字也可以轻松地找到所需的图像。但对于做事没有组织计划性的人和刚刚提及的那些专业人士（或者是那些单纯很喜欢关键词的人）来说，关键字几乎就是唯一的希望了。接下来我们将学习如何添加关键字。

步骤1

在介绍这一节内容之前，我想要说的是大多数人不需要添加关键字。但是，如果你是一名商用摄影师或者从事图库代理工作，那么你的工作内容差不多就是给图像添加关键字了。幸运的是，Lightroom使这个过程不再痛苦。添加关键字的方法有几种，每个方法的选择都有自己的理由。我们先从右侧面板区域中的关键字面板开始。当你单击照片时，关键字面板顶端附近就会列出分配给各个图像的关键字，如**图2-46**所示。顺便提一下，我们平时其实不会说"分配"，一般都说成"标记"了关键字，比如说"这张图片已经被标记关键字'NFL'了"。

步骤2

导入照片时，我会给它们标记一些通用的关键字，比如 Alabama、Clemson、Raymond James。关键字字段下方有一个文本框，上面显示单击此处添加关键字。若要添加其他关键字，单击该文本框，你就可以键入要添加的关键字了（如果要添加多个关键字，在它们中间加一个逗号即可），最后按Return（PC：Enter）键即可。做完这些，我就给第1步中选定的照片添加了关键字"End Zone"，如**图2-47**所示。

图 2-46

图 2-47

图 2-48

图 2-49

步骤 3

如果你想一次性给多张照片添加相同的关键字，比如给庆典中拍摄的 71 张照片添加，你需要先选择这 71 张照片（单击第 1 张，再按住 Shift 键，然后向下滚动到最后一张并单击，则选中了两张照片及中间的所有照片），然后在关键字面板中的单击此处添加关键字栏中添加关键字。比如说，我键入了"庆典"，Lightroom 便将该关键字标记到选定的 71 张照片中，如图 2-48 所示。因此，如果我需要一次性给大量照片标记相同关键字，关键字面板将会是我的首选。

提示：选择关键字

我选择关键字的小窍门是问自己："如果几个月后我要找到这些相同的照片，我最可能在搜索栏中键入什么关键字？"然后，我会用这些我想到的词作为关键字。相信我，这样做会比你想象中有用得多。

步骤 4

假设你只想在某些照片中添加一些特定的关键字，比如将某个队员的名字标记到他的照片中，你可以按住 Ctrl 键再单击该运动员的全部照片，然后使用关键字面板标记关键字，那这个关键字就只会标记到这些选中的照片中。

提示：创建关键字集

如果经常使用相同的关键字，就可以将其保存为关键字集，这样只需单击一下即可标记关键字。要创建一个字集，只需在关键字标记文本字段中键入关键字，再从面板底部的关键字集下拉列表框中选择将当前设置存储为新预设，关键字就会添加到列表和内置的设置中，比如说"婚礼""半身照"等。

步骤 5

展开关键字列表面板，它列出了我们已经创建或嵌入在所导入照片中的所有关键字。每个关键字右边的数字代表用该关键字标记了多少张照片。如果把鼠标指针悬停在该列表中的关键字上，在其最右端会显示出一个白色的小箭头。单击这个箭头将只显示出具有该关键字的照片（**图2-50**所示中，我单击了 Deshaun Watson 这一关键字的箭头，它就只显示出整个目录库中用该关键字标记过的两张照片）。

提示：拖曳和删除关键字

把关键字列表面板内的关键字放到照片上就可以标记照片，反之，也可以把照片拖曳到关键字上。要删除照片内的关键字，只要在关键字面板中把它们从关键字标记字段内删除即可。要想彻底删除关键字（从所有照片和关键字列表面板内删除），需要在关键字列表面板中单击关键字，然后再单击该面板标题左侧的"−"按钮。

步骤 6

时间一久，关键字列表就会变得非常长。因此，要想保持该列表有序，可以创建具有子关键字的关键字（如将 College Football 作为主关键字，Alabama、Clemson 等位于其内，如**图 2-51**所示）。这样做除了可以缩短关键字列表的长度之外，我们还可以更好地排序图片。例如，单击关键字列表面板内的 College Football（主关键字），则会显示用 Alabama、Clemson 等标记过的图像。但是，如果单击 Alabama，则只会显示出用 Alabama 标记的照片，这可以节省大量的时间。下一步我将介绍如何进行操作。

图 2-50

图 2-51

图 2-52

步骤 7

要将一个关键字设为主关键字，只要把其他关键字直接拖到其中即可。如果还没有添加想要成为子关键字的关键字，则可以这样做：右击想要设为主关键字的关键字，之后从快捷菜单中选择在"College football"中创建关键字标记，再在打开的对话框内创建新的子关键字（如**图 2-52**所示），单击创建按钮，这个新的关键字就会显示在主关键字下方。要隐藏子关键字，请单击主关键字左侧的三角形。

提示：绘制关键字

添加关键字的另一种方法是使用喷涂工具绘制关键字。单击下方工具栏中的喷涂工具，然后从右侧弹出的下拉列表框中选择关键字后，就会显示一个文本栏。键入与图片相关的关键字，然后单击那些你想要标记的图片，关键词就可绘制到那些你想要标记的图片上了。

步骤 8

用关键字标记了图像后，除了关键字和关键字列表面板，你还可以在图库筛选器中使用关键字搜索图像。例如，如果你要查找某一队员的照片，只需按Command+F（PC：Ctrl+F）组合键，将会在缩览图网格的右上角显示文本搜索栏。输入队员名字，标记了他名字的照片就会出现在下面的网格中，如**图 2-53**所示。关键字内容的作用就是搜索字词。你可以添加一些常用的关键词（如 NCAA），也可以添加更为具体的关键词（如 De-shaun Watson）。

图 2-53

2.12
使用面部识别功能
快速寻人

Lightroom 使用面部识别软件为拍摄主体贴上标签，能帮助你轻松地找到照片里的人。这一功能虽说很强大，但也会有令人哭笑不得的时候。启用面部识别功能之后，Lightroom 可能会将马铃薯似的东西认成人，再有时会把一块肥皂或者是一盘鸡蛋当成人，但有时 Lightroom 能够准确地识别出人。所以这一功能时而好用，时而却不那么好用。我们可以用面部识别功能给家人贴上名字标签，这样一来便可以用标签关键字搜索照片。

步骤 1

首先提醒大家：虽然 Lightroom 面部标识功能称之为"自动"，但许多的初始工作需要手动完成，所以说是"半自动"更贴切。起初，系统只能识别照片中出现的人脸，但无法得知这是谁，所以需要有人告诉它这是谁，以方便其日后辨别，这一步需要你来完成。因此，如果有一个大小合适的目录，并希望将整个目录设置为面部标识，你可能需要预留一个早上的时间对其进行初始设置。要开始启用面部识别功能，请切换到图库模块，然后单击工具栏中的人物图标（如**图 2-54** 中方框标注处），或从视图菜单中选择人物，还可以按快捷键 O 快速跳转。

步骤 2

第 1 次启动面部识别时，会跳出一个窗口（如**图 2-55** 所示），告知你 Lightroom 需要花时间浏览目录并识别每张照片的面孔（幸运的是，此操作只在后台进行，不会妨碍其他操作）。你可以选择立刻开始，或是单击人物图标之后再开始。选择任一选项，然后开始面孔搜索。（顺带提一句，我动笔写书时，Lightroom 只展示了一个灯柱、一个拱门和一组带有面孔的旗帜。）

图 2-54

图 2-55

图 2-56

步骤3

　　当Lightroom识别到面孔时，未命名人物的缩览图下会出现"？"，这表示目前无法得知这是谁的面孔（这是正常的，因为Lightroom还不知道谁是谁）。如果Lightroom在照片背景里识别到失焦的面孔，我一般不会对这类面孔做标记，只会将它从人物视图中删除。若想删除不需要标记的面孔，可以把鼠标指针移到缩览图上，单击缩览图左下角显示的图标"×"（如**图2-56**中红色方框所示）。注意：该操作只会将其从人物视图里删除，Lightroom中的这些照片仍然保留。

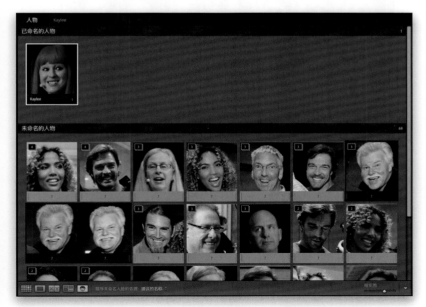

图 2-57

步骤4

　　如果要使用名称标记这些照片（这些名称相当于搜索的特殊关键字类型），只需将鼠标指针放在照片下方的小问号上，便会跳出文本框。完成名字输入之后，按Return（PC：Enter）键。面孔标签得以命名后，该标签会移动到已命名的人物区域（如**图2-57**所示）。如果在未命名人物区域看到与已命名的人物区域的面孔相匹配的图像，可以将其拖曳到已命名的人物区域的缩览图内。

步骤5

　　Lightroom识别出同一人的面孔后，它会自动地将其堆叠在一块儿，让图片看起来更井然有序。仔细看第1行的最后一个缩览图：这张面孔有3张照片，Lightroom将其堆叠为一组（缩览图左上角有个数字"3"）。要想查看堆叠照片里的所有面孔，而只需单击缩览图，再按S键即可展开堆叠（如**图2-58**所示），而只需再按一次S键便可收起堆叠。若想快速浏览所有堆叠照片，只需长按S键，而一旦松开S键便可再次收起堆叠。如果该堆叠出现在未命名的人物区域，单击缩览图下方的问号即可输入名称。第1行最后1个面孔是Moose Peterson，所以我为第1张标记了"Moose"。几分钟后，它会开始"抓取"，我们看到名字后面连接着问号，如："Julieanne？"如果是她本人，单击勾选按钮（如**图2-59**所示）后，该图像会自动移动到她的名字人物中；如果不是，请单击否 。一旦标记了某个人，Lightroom几分钟后便能找出相同的面孔并为其做标记。

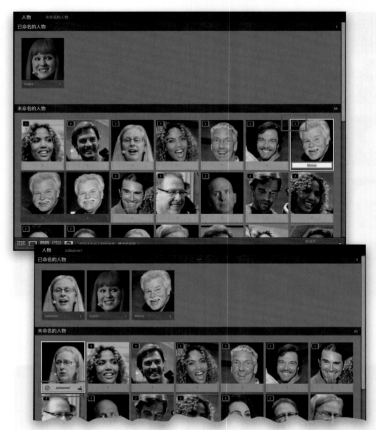

图 2-58

步骤6

　　至此，我们了解到Lightroom的这一功能可以识别所有面孔，并能为相同的人物分组。但我们还得处理那些没有命名的面孔，命名这一步需要你来完成，或将未命名的面孔拖曳到已命名的人物区域中正确的缩览图上。拖曳的面孔在面孔缩览图上浮动时，如果略过正确的面孔缩览图，Lightroom会显示绿色的"+"，然后便可添加到相应的标签里，如**图2-59**所示。这一步可能很快，也可能很慢，具体时间取决于步骤2中选择的选项（你所在位置是完整目录或收藏夹）。无论哪种方式，你都应在此时完成面孔命名。

图 2-59

图 2-60

图 2-61

步骤 7

　　如果双击已命名的人物区域的已标记照片，会转到已确认区域，可以在这一区域确认该照片是否为本人。在下面的相似区域会出现与该人相似但又不确定的面孔，如果将鼠标指针移到缩览图上，问号会显示在此人的名字后，如**图 2-60** 所示。这种情况有可能会经常发生，如果你确认该面孔是 Steve，请单击复选标记，该图像会移动到确认区域。Lightroom 会用这一信息来呈现其他图像："这些怎么样？这些看起来很相似，对吧？"不，这其实是相似区域的 Trey。这没关系，因为可以通过单击左上角的人物返回人物视图（如**图 2-60** 红色方框所示），以此方式继续标记其他照片。双击未标记照片会有什么效果呢？照片会在一个放大镜视图大小的窗口中打开，并在面部区域显示一个矩形，单击问号即可输入名称。此外，你只需在面孔上按住鼠标左键拖动，就可以在遗漏的面孔上创建新区域，单击"×"便可以删除错误的面部区域。

步骤 8

　　一旦人物关键字得以应用，这些关键字即可快速搜索到已标识的照片。进入关键字列表面板（以"Moose"为例），将鼠标指针移动到关键字"Moose"上，关键字右侧会显示一个向右的箭头，如**图 2-61** 所示。单击该箭头，Lightroom 会显示所有标记为"Moose"的照片。另外，我们还可以使用标准的文本搜索方式进行搜索，即按 Command+F（PC：Ctrl+F）组合键，输入需要搜索的姓名就能够搜索出以该名字命名的照片。

如果你在从相机存储卡导入照片的过程中没有重命名照片，那么现在用描述性名称重命名图片就显得非常重要了（单是为了搜索这一目的）。如果这些照片仍然是数码相机指定的名称，如"_DSC0035.jpg"，那么你用关键词来搜索找到图像的机会就相当渺茫了。下面介绍如何重命名照片，并使搜索变得简单。

步骤 1

按Command+A（PC：Ctrl+A）组合键选择该收藏夹内的所有照片。转到**图库**模块，选择重命名照片，或者按键盘上的F2 键，打开重命名照片对话框，如**图2-62**所示。该对话框提供与导入窗口相同的文件命名预设，你可以选择想要使用的文件名预设。在这个例子中，我选择自定名称 – 序列编号预设，这可以输入自定义名称，并且它将会自动从你想要的数开始给图像编号（一般来说，我都会选择从1开始编号）。

图 2-62

步骤 2

输入自定义名称后，单击确定按钮，所有照片立即被重新命名，如**图2-63**所示。整个过程虽然只需要几秒钟时间，但对照片搜索操作所产生的影响却是巨大的，不仅影响 Lightroom 内的搜索，还影响 Lightroom 之外的文件夹、电子邮件等之中的搜索。此外，当我们把照片发送给客户审核时，也更方便他们查找照片。

图 2-63

为使照片搜索更便捷，我们为照片添加了描述性名称（我们可以在导入的时候为其命名，也可稍后命名），这样，用名字搜索照片易如反掌。当然，我们不仅可以利用名称搜索，还可以通过其他途径搜索，如相机生产商、相机型号、镜头等。

2.14
使用快捷搜索查找图片

图 2-64

图 2-65

步骤1

在开始搜索之前，需要让Lightroom知道你想搜索什么东西。如果要搜索某个收藏夹，可以进入收藏夹面板单击收藏夹。如果要搜索整个照片目录，可以在胶片显示窗格的左上角找到正在查看的照片的路径。单击该路径，在快捷菜单中选中所有照片。（此处其他选项可用于搜索快速收藏夹的照片，或是上次导入的照片，再或是最近创建的文件夹或收藏夹内的照片，如**图 2-64**所示。）

步骤2

确定搜索位置之后，可以按Com-mand+F（PC：Ctrl+F）组合键快速完成搜索。这一组合键可以显示图库模块网格视图顶部的图库过滤器栏，然后可以在搜索框内输入文字进行搜索。默认情况下，Lightroom会对照片名称、关键字、嵌入的EXIF数据等进行搜索。如果搜索到了与之匹配的照片，它会显示这些照片（我搜索了"Bucs vs Raiders"，如**图 2-65**所示）。你还可以利用搜索框左侧的两个下拉列表框缩小搜索范围。例如，从第1个弹出菜单中选择搜索范围，设置搜索限制为题注或关键字。

步骤3

　　另一种搜索方法是按属性搜索，因此请单击图库过滤器中的属性，会显示出图2-66所示的界面。我们在本章前面使用过属性选项来缩小所显示的照片范围，只显示标记为选取的照片（单击白色选取旗标），所以你可能已经熟悉它们。但是这里要注意：对于星级，如果单击4星，它会过滤掉4星以下的照片，只显示出评为4星及其以上星级的照片。如果想只查看4星级的图像则请单击星级右侧的≥（星级大于等于）按钮，并从弹出的下拉列表中选择星级等于，如图2-66所示。我们还可以使用图库过滤器中的根据编辑状态来过滤选项来查看照片。

图 2-66

步骤4

　　除了按文字和属性搜索外，还可以通过嵌入的元数据搜索照片（根据镜头类型、ISO设置、所用光圈或其他设置搜索照片）。单击图库过滤器中的元数据，系统会弹出一些列，我们可以按日期、相机、镜头或标签进行搜索，如图2-67所示。如果你只记住了当天拍摄所用的镜头，而且为照片添加了不明晰的名称，这一种搜索方法便是搜索照片的唯一选项。

图 2-67

使用Lightroom时，难免会遇到这个问题：照片移动至修改照片模块时，看到"无法找到该文件"的报错。返回网格视图页面时，你能看到缩览图右上角有个感叹号（如图2-68中红色方框所示），该警示是由于Lightroom已无法找到原始照片。原始照片被移动后，Lightroom无法追溯照片的新路径，导致出现该问题。

2.15
解决"无法找到该文件"的报错

图 2-68

图 2-69

步骤1

缩览图上出现感叹号图标，是由于Lightroom无法找到原始的高分辨率照片（只有这个低分辨率的缩览图）。如果在修改照片模块里编辑这张照片，照片顶部附近会出现"无法找到文件"的警告。原因通常如下：（1）照片被移动，因此Lightroom无法得知照片的新路径（移动照片没问题，因为照片可以随意移动到任何地方）；（2）原始照片存储在外置硬盘，但该外置硬盘没有成功连接到计算机上，所以Lightroom无法找到照片的具体路径。无论是什么原因，我们都能解决这一问题，但首先得弄清是哪种原因导致。

步骤2

要查找丢失照片的原路径，可以单击感叹号图标，之后会弹出无法找到原始文件的对话框（如图2-69所示），对话框会显示照片的原路径（可以查看照片是否存储在可移动硬盘或者闪存驱动器上，还可以得知照片移动之前的存储位置）。

步骤3

单击查找按钮，当弹出查找对话框后（如图2-70所示），导航到那张照片现在所处的位置。（我知道你可能会想："我压根没移动它呀！"但文件总不会自己跑进你的硬盘里。你可能只是忘了移动过它而已，这才是最棘手的。）找到它以后，单击该照片再单击选择按钮，它就会重新链接这张照片。如果移动了整个文件夹，则一定要选中查找邻近的丢失照片复选框。这样一来，当找到一张丢失的照片之后，它将立即自动重新链接那个文件夹中所有丢失的照片。照片成功链接之后，便可以在修改照片模块修改照片。

提示：保持所有照片正常链接

如果要确保所有照片都链接到实际文件，即不会看到小感叹号图标，则请转到图库模块，单击图库菜单，选择查找所有缺失的照片（如图2-71所示），在网格视图内将打开所有断开链接的照片，这时就可以使用我们刚学到的方法重新链接它们。

提示：如何使用文件夹工作

如果你用的是文件夹而非收藏夹，若文件夹变灰且文件夹图标的右上角出现了问号，则你遇到了同样的问题：文件夹内的照片被移动，或者存储照片的移动硬盘未成功连接。那么可以在文件夹面板中右击该文件夹，选择查找丢失的文件夹，如图2-72所示。然后，导航到存储照片的新位置，选中照片后，Lightroom便能知晓此丢失文件夹的新位置。如果任何地方都找不着这个文件夹，那么这个文件夹或者文件夹内的照片很有可能是被误删了（我推荐大家使用收藏夹的原因便是如此），在这种情况下，只能求助之前的备份文件了。

图2-70

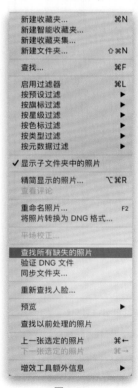

图2-71

图2-72

我之前提到过，照片不需要按日期整理，因为Lightroom能根据相机嵌入的日期和时间在后台自动整理照片。以下是按日期查看图库的方法。

2.16
按日期整理照片
（后台自动执行）

图 2-73

图 2-74

步骤1

在图库模块，预览区域顶部是图库过滤器（如果被隐藏，可以按键盘上的\键取消隐藏），它将根据Lightroom当前工作的位置进行搜索（因此，如果当前使用的是收藏夹，它会显示收藏夹的详细信息）。转到目录面板（靠近左侧面板区域的顶部）并单击所有照片，可以看到整个目录的照片，而不只是单个收藏夹的照片。图库过滤器有4个标签页，单击元数据后会带出4个数据列。左侧的第1列是按日期排序的目录，它能从Lightroom的照片中的最早年份开始排序。

步骤2

要查看特定年份拍摄的照片，你可以单击年份左侧的箭头（比如我查看了2016年的照片），然后它会显示当年拍摄照片的月份以及特定月份的照片数量。单击月份左侧的箭头，它会显示当月拍摄的所有日期以及当天的照片数量（如果你记得照片的日期会很有帮助）。单击其中一天，当天拍摄的照片会显示在网格视图里。

步骤3

　　不知你是否注意到右侧的另外3列可以显示这些照片的深层数据。例如，我点开了2016年9月29日星期四，在第2、3列中的这些数据让我明白当天拍摄照片所用的相机和镜头。你也可以根据相机型号和镜头筛选出某一天的照片。如果你记得你要找的照片出自哪个镜头的话（也许你还记得你当天使用的是广角镜头、移轴镜头或是微距镜头），那么照片搜索会变得更加简便。

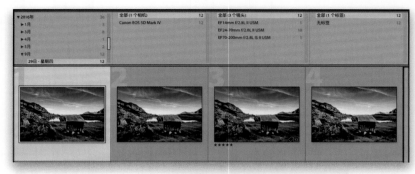

图 2-75

　　长按Command键的同时，可以单击选择图库过滤器列出的至少3项条件，这些条件是附加条件。因此可以在按住Command（PC：Ctrl）键的同时单击文本按钮，然后按属性按钮，再按元数据按钮，它们会一个接一个地弹出，如图2-76所示。现在，可以搜索带有特定关键字的，标记为选取的，带有红色标签的，由佳能EOS 5D Mark IV搭配24mm~70mm镜头拍摄的，ISO为100且是横屏的照片（显示在照片下面）。你还可以在最右侧的弹出菜单中将这些条件保存为搜索预设。

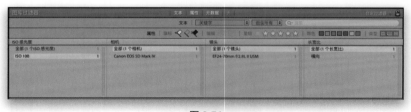

图 2-76

图 2-77

步骤4

默认情况下，最后一列是标签列，从这一列可以得知照片的标签颜色。但如果单击标签，便可以选择其他搜索属性，这肯定能省时省力（特别是对于不使用颜色标签的人来说）。你可以根据自己喜欢的标准更改这4个标题。

2.17
备份目录

Lightroom 的目录文件存储着收藏夹的整理信息、修改照片模块的编辑信息、版权信息、关键字等，可想而知目录文件有多重要。如果突然有一天，打开目录时发现目录文件损坏的警示，而且没有对目录文件做任何的备份，那将只能是无奈地从头再来。但是Lightroom 可以备份目录文件，这一功能很人性化。另外，Lightroom 还会提示你备份目录文件。要想备份目录文件，还得你亲自让Lightroom 来备份。本节就将介绍备份目录的操作步骤。

步骤1

退出 Lightroom 时，它会弹出备份目录对话框的提醒，给用户为重要目录文件做备份的机会（Lightroom 的数据库里存储着照片的修改信息、整理信息、元数据、精选标记等）。Lightroom 顶部设有编辑菜单，可以在此设置对话框弹出的频次，你可以选择一天备份一次或者是一个月备份一次（如果目录文件曾出现过崩溃，那么一定要备份目录），如**图 2-78** 所示。默认情况下，Lightroom 会将此备份存储在名为"备份"的文件夹中。"备份"位于"Lightroom"文件夹中，其中常规目录存储在计算机上。注意：即使照片存储在外置硬盘上，但是为获取最佳性能，目录文件应该存储在计算机上。

步骤2

如果愿意，你可以改变备份文件的存储位置。为防止计算机被偷的情况出现，你可以将备份文件存储在外置硬盘内，也可以存储在云端。为以防万一，我选中了两个复选框，如**图 2-79** 所示。

图 2-78

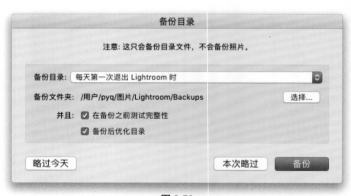

图 2-79

图 2-80

图 2-81

图 2-82

步骤 3

　　发生不测时的应对措施：如果打开 Lightroom 时发现目录文件损坏崩溃的警报，并且在目录备份文件恢复之前无法操作图片，那么你需要单击修复目录按钮开始修复，如**图 2-80** 所示。如果目录文件无法成功修复（如**图 2-81** 对话框所示），我们应该执行 B 计划。

提示：什么情况下不需要备份目录

　　要是计算机可以自动备份所有文件，计算机硬盘就会有目录备份文件，那么就不需要再备份 Lightroom 的目录文件。

步骤 4

　　B 计划能恢复最新的目录备份副本。方法如下：在我无法修复你的目录的第 2 个警告对话框中，单击选择不同的目录按钮，会出现目录选择器对话框，再单击创建新目录。这一步是为了可以访问 Lightroom 的菜单（如果不打开目录，将无法进入这些菜单），可以命名新目录为 "Trash Me"（作为暂时用）。打开新目录后，转到 Lightroom 的文件菜单，选择打开目录选项。从对话框导航到备份文件夹（第 2 步应该选择新目录保存的位置），最后可以看到文件夹里按日期和时间列出的所有备份。打开最近备份的文件夹（如**图 2-82** 所示），双击扩展名为 ".lrcat" 的文件（这是备份文件），单击打开按钮，目录文件备份完成。

第3章
导入和组织照片的高级功能

- 联机拍摄功能（从你的相机中直接传输到Lightroom中）
- 使用图像叠加功能调整图片的排版效果
- 创建自定义的文件命名模板
- 创建自定义的元数据（版权）模板
- 使用背景光变暗、关闭背景光和其他视图模式
- 使用参考线和尺寸可调整的网格叠加
- 什么时候应该使用快捷收藏夹
- 使用目标收藏夹
- 嵌入版权信息、标题或其他元数据
- 从笔记本到桌面：同步两台计算机上的目录
- 灾难应急处理

3.1
联机拍摄功能（从你的相机中直接传输到 Lightroom 中）

Lightroom 中我最喜欢的一个功能是其内置的联机拍摄功能，该功能可以将相机拍摄的照片直接传输到 Lightroom，而不需要使用第三方软件，而在有此功能之前必须使用第三方软件。联机拍摄的优点是：（1）现在，在计算机屏幕上看到的图像比在相机后背微小的液晶显示器上看到的图像更大，因此可以更好地拍摄图像；（2）不必在拍摄后导入图像，因为它们已经位于 Lightroom 内了。注意：一旦试过这种方法，你就不会再想用其他任何方式拍摄。

步骤1

使用相机所带的 USB 数据线把相机连接到计算机上。（数据线应与相机手册、其他电缆等一起放在数码相机的包装盒内。）在影室内和现场，我使用**图 3-1** 所示的联机设置，这是我从著名摄影师乔·麦克纳利那里学来的。横杆是 Manfrotto 131DDB 三脚架横杆配件，其上连接着 TetherTools Aero Traveler 系列联机平台。

图 3-1

步骤2

现在转到 Lightroom 的文件菜单，从联机拍摄子菜单中选择开始联机拍摄。这将打开**图 3-2** 所示的联机拍摄设置对话框，在这里输入和导入对话框中几乎相同的那些信息（在顶部的会话名称文本框内输入名称，选择模板以及这些图像在硬盘上的存储位置，是否添加元数据和关键字等）。然而，这里有一项不同的功能——按拍摄分类照片复选框（如**图 3-2** 中红色圆圈所示），这在联机拍摄时是一项非常有用的功能（稍后就会看到）。

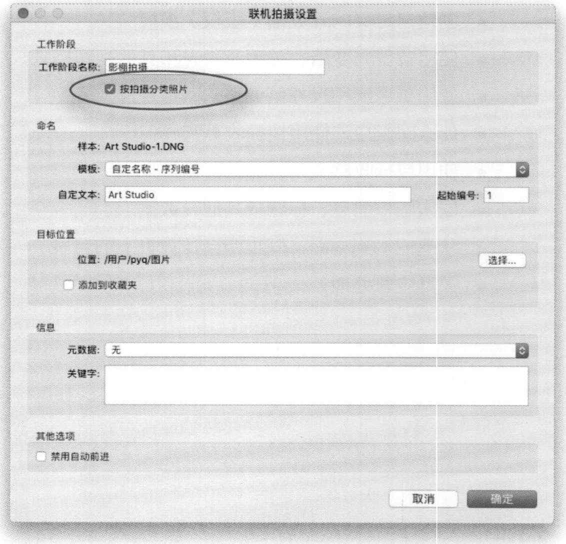

图 3-2

图 3-3

图 3-4

按拍摄分类照片功能使我们能够在联机拍摄时组织照片。假若需要拍摄两个不同的场景，一是在靠窗，二是在其他地点。我们单击拍摄名称就能够把不同拍摄地点的照片放置到不同的文件夹内（稍后将看到这一点非常有用）。请选中**按拍摄分类照片复选框**，然后单击确定按钮来试一试这项功能。单击之后会打开初始拍摄名称对话框（如**图 3-3** 所示），从中可以为这一阶段的第一次拍摄输入一个描述性的名字。

步骤4

单击确认按钮之后，会出现联机拍摄窗口（如**图 3-4** 所示），如果 Lightroom 检测到相机，就会在左侧上方显示出相机型号名称（如果连接了多台相机，则可以单击相机名称，从下拉列表内选择使用哪台相机）。如果 Lightroom 没有找到相机，则会显示未检测到相机，在这种情况下，要检查 USB 数据线是否正确连接，以及 Lightroom 是否支持相机制造商和型号。从相机型号的右侧可以看到相机的当前设置，其中包括快门速度、光圈、ISO 和白平衡等设置，从该显示窗口的右边可以选择应用修改照片设置预设。

提示：隐藏或缩小联机拍摄条

按 Command+T（PC：Ctrl+T）组合键可以显示/隐藏联机拍摄窗口。如果你想显示拍摄窗口，但同时希望它稍小一些（这样就可以将其拖到屏幕一侧），请按住 Alt（PC：Option）键，窗口右上角用来关闭视窗的"×"变成了"−"时，单击这个按钮，窗口会缩小为快门按钮大小。若想还原窗口尺寸，按住 Option（PC：Alt）键，再单击右上角按钮即可。

步骤5

　　单击联机拍摄窗口右侧的圆形按钮（实际上是快门按钮），它就会像我们按相机上的快门一样拍摄出一张照片，非常方便。拍摄照片后稍等片刻，图像就会显示在Lightroom内。图像在Lightroom内的显示速度不会像在相机显示屏上显示得那么快，这是因为它实际上是把图像的整个文件通过USB数据线（或者无线传输，如果相机连接了无线传输装置）从相机传输到计算机，因此会花费一两秒钟。此外，如果以JPEG格式拍摄，文件会更小，因此在Lightroom内显示该种图像的速度远比RAW格式图像快。图3-5所示的是一组联机拍摄的图像，但问题是如果像这样在图库模块的网格视图内观看它们，它们不比在相机后背的液晶显示器上大多少。

图 3-5

步骤6

　　当然，联机拍摄的一大优点是能够以很大的尺寸查看图像（以较大尺寸查看时更容易检查光照、聚焦和总体效果，如果客户在摄影棚内，他们会喜欢联机拍摄，因为这样他们不必越过你的肩膀斜视微小的相机屏幕就能够看到图像效果）。因此，请双击任一幅图像，跳转到放大视图（如图3-6所示），当图像显示在Lightroom内后可以得到更大的视图。注意：如果确实想在网格视图下拍摄，则只要使缩览图变大一点，之后再转到工具栏，单击排序依据左边的A～Z按钮，这样最后拍摄的照片会始终显示在网格的顶部。

图 3-6

图 3-7

图 3-8

步骤 7

现在让我们试试按拍摄分类照片的功能。现在你已经把窗边的目标拍摄物体拍摄好了，接下来是拍摄外面了。只要单击联机拍摄窗口中的靠窗（By Window）（如图 3-7 所示），或按 Command+Shift+T（PC：Ctrl+Shift+T）组合键，初始拍摄名称对话框就会出现（如图 3-8 所示）。给这个系列命名（我起名为"户外"）后，接着开始拍摄。这些照片会出现在独立文件夹中，同时也会出现在我的主要位置拍摄文件夹里。

提示：触发联机拍摄的快捷方法
可以按快捷键 F12 触发联机拍摄。

图 3-9

步骤 8

联机拍摄时，比起在图库模块的放大视图中查看照片，我更喜欢在修改照片模块中查看，这样只需双击就可以看到我想看到的东西。联机拍摄时，我的目标是让图片尽可能和屏幕的大小相同，因此我会按 Shift+Tab 组合键将 Lightroom 的面板都隐藏起来，这样能使图片大小放大到几乎填满整个屏幕。最后，按下两次 L 键进入关闭背景光模式，照片会以全屏尺寸呈现在黑色背景中央，不会有任何干扰，如图 3-9 所示。如果想要做任何调整，都可以按下两次 L 键，之后再按下 Shift+Tab 组合键再次打开面板。

3.2
使用图像叠加功能
调整图片的排版效果

这是一款让你用过就爱上它的功能，因为你可以看到作品与联机拍摄的照片叠加时的效果，所以你可以在某个具体的项目拍摄（比如杂志封面、小册子封面、内页排版、婚礼影集等）中选出最合适的一幅照片，使其符合你的设计理念。它非常省时，而且操作十分简单，只需要在 Photoshop 中处理一下图片即可。

步骤 1

如果想将封面（或其他艺术作品）在 Lightroom 里叠加处理，你需要在 Photoshop 中打开它的多图层版本，再将整个文件的背景处理成透明的，只保留文字和图片可见。在**图 3-10** 所示的封面模型中，封面文件有一个不透明的白色背景（当然，如果在 Photoshop 中把一张照片拖曳到这里，就会覆盖该白色背景）。我们需要处理这个图片文件，以便在 Lightroom 中使用，这意味着：（1）保证所有图层完好无损；（2）去除不透明的白色背景。

步骤 2

为 Lightroom 处理照片做准备工作是一件相当简单的事情：（1）前往背景图层（在这个例子中，是不透明的白色图层），将背景图层拖曳到图层面板底部的垃圾桶图标处，将其删除（如**图 3-11** 所示）；（2）现在，你需要做的事情就是前往文件菜单，选择存储为，当存储为对话框出现后，在保存类型下拉列表中选择 PNG 格式。它可以保证各图层维持原状，并且由于你已经删除了原先不透明的白色背景图层，所以背景已变成透明的，如**图 3-11** 所示。顺便说一下，在存储为对话框中，软件会告知，如果你想存储为 PNG 格式，必须同时保存一个副本，对于我们来说，这挺好的，不必为此担心。

图 3-10

图 3-11

图 3-12

图 3-13

步骤 3

　　前面两步是在 Photoshop 中的所有操作，现在回到 Lightroom，进入图库模块。在视图菜单的放大叠加选项中选择选取布局图像，如图 3-12 所示。然后找到刚才在 Photoshop 中处理过的多图层 PNG 格式文件，并选择它。

步骤 4

　　选择选取布局图像之后，你的封面图片会出现在当前软件中显示的图片之上，如图 3-13 所示。若想隐藏封面图片，请前往视图菜单中的放大叠加选项，你会看到布局图像前面有一个勾，这是为了让你知道图像现在是可见的。选择布局图像，则可将其从视图中隐藏，若想再次看到它，只需再次选择，或者按 Command+Option+O（PC：Ctrl+Alt+O）组合键来显示或者隐藏它。记住，如果之前没有删除背景图层，现在你看到的就是白色背景和上面的一堆文字（此时图像被隐藏了）。这就是为什么我们在前期操作中要将背景图层删除，并将文件存储为 PNG 格式。

步骤5

现在，图像叠加功能已经启用，你可以使用键盘上的左、右方向键来尝试在封面模型（或者其他任何文件）上使用不同的图片。**图 3-14**中显示的是使用了另一张照片的封面的效果。

图 3-14

步骤6

当查看上一步中的图片时，你是否注意到人物的位置有点太高了？幸运的是，你可以重新安排封面的位置，查看模特位置低一点时图片的效果。你只需按住Command（PC：Ctrl）键，此时鼠标指针变成抓手形状，如**图 3-15**所示。现在，只需按住并拖动封面，就能使其上下左右移动。有点奇怪的是，封面中的图像并不移动，实际移动的是封面。你需要花一点时间来适应，但是很快就会习惯。

图 3-15

图 3-16

图 3-17

步骤7

　　你还可以控制叠加图像的不透明度（现在我切换到另一张图像）。当你保持按住Command（PC：Ctrl）键时，叠加图像的位置便出现两个小控件。左边的是不透明度，你只需要长按鼠标左键并在不透明度这个词上向左拖动就可以降低参数（图3-16所示中，我将封面图片的不透明度降到45%）；若想重新提升不透明度，向右拖动即可。

步骤8

　　另一个控件在我看来更加重要，那就是亚光纸控件。在上一步中，你会看到封面周围的区域是不透明的黑色。如果降低了亚光纸参数，就可以透过黑色背景看到没有出现在叠加部分的其余图像。现在请看这张图片，你可以看到并未出现在重叠区域图像的剩余部分。看一看这张图片，封面外边的背景也能看到吧。现在我知道，图片中仍有足够空间使我向左或向右移动模特，并且模特隐藏的部分仍然存在。这个功能非常便捷，并且操作方式和不透明度控件相同——保持按住Command（PC：Ctrl）键，长按鼠标左键并在亚光纸这3个字上向右拖动即可。

3.3
创建自定义的文件命名模板

有数千张照片时，我们要把它们组织得井井有条以便查找。因为数码相机会反复生成一套又一套名称相同的照片，所以我们需要在导入期间把照片重命名为唯一的名称。一种流行的方法是在重命名时把拍摄日期作为名称的一部分。遗憾的是，Lightroom只有一种导入命名预设包含日期，它可以使文件名中包含相机的原始文件名。幸运的是，我们可以创建自定义文件命名模板。以下是操作步骤。

步骤1

单击图库模块窗口左下方的导入按钮，或使用 Command+Shift+I（PC：Ctrl+Shift+I）组合键。当导入对话框打开后，单击顶部中央的复制，会在右侧显示文件命名面板。在该面板内选中重命名文件复选框，之后单击模板下拉列表选择编辑（如**图3-18**所示），从而打开文件名模板编辑器（如**图3-19**所示）。

图 3-18

步骤2

在该对话框的顶部有一个预设下拉列表，从中可以选择任一种内置的命名预设作为起点。例如，如果选择自定名称-序列编号，则其下方的字段将在括号内显示该信息：第1个记号代表自定文本，第2个代表序列编号。要删除这两个记号，请单击它，之后按键盘上的Delete（PC：Back-sapce）键。如果想要从零开始，请删除这两个记号，再从下方的下拉列表内选择想要的选项，然后单击插入按钮将它们添加到该字段。

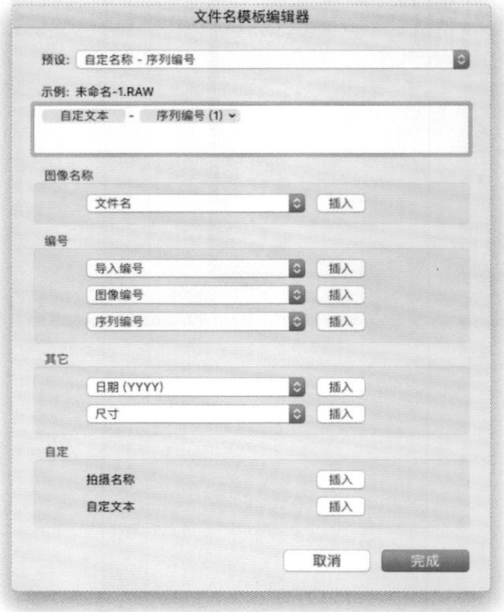

图 3-19

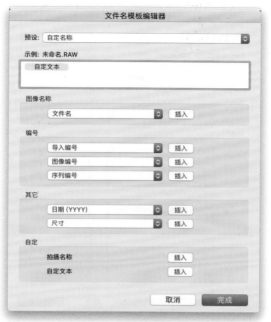

图 3-20

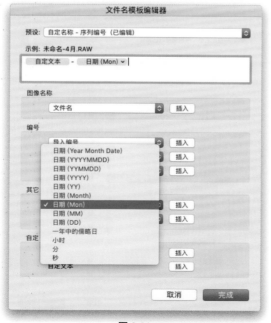

图 3-21

步骤 3

下面我将向你演示怎样配置在摄影师中流行使用的文件命名方案，但这只是一个例子，你以后可以创建适合自己的命名模板。我们先添加一个自定义文本标记（稍后当我们进行导入时，可以为导入的照片自定义其名称），即单击自定文本后面的插入按钮后，会在自定义文本右侧添加自定义文本标记（如**图 3-20** 所示）。顺便说一句，示例文本框中会显示你正在创建的文件名的预览。这时，自定义名称只是 "未命名 .RAW"（这能告诉你显示文件的扩展名，如果扩展名为 JPG、CR2 或 NEF 的话，都是会显示的内容）。

步骤 4

现在，让我们添加照片拍摄的月份（相机会读取拍摄日期信息，而嵌入在照片上的元数据能提供日期信息），但是如果只是添加月份，则字母之间不会留出空格，所以月份名称会与自定义名称关联。幸运的是，我们可以添加连字符或下划线做分离，让格式看起来更整齐。按住 Shift 键，然后按连字符（短划线）键，就会在自定义名称后添加下划线。现在，当我们在它之后添加月份时，我们会有一些视觉上的分离。转到其它区域，然后从日期弹出菜单中选择日期（Mon），如**图 3-21** 所示。这会生成 3 个字母的缩写，而不是 "Month" 的全拼写，括号中的字母显示日期将如何格式化。例如，选择日期（MM）将显示两位数的月份，如 "06" 而不是 "June"。

步骤5

现在让我们添加年份（顺便提一下，Lightroom可以自动根据日期追踪所有照片——可以进入**图库过滤器工具栏的元数据标签页**，选择第1列的日期。所以，我们便不需要在文件名上添加日期，该步骤只是为了帮助我们学习如何使用**文件名模板编辑器**）。我们还可以在年份和月份之间添加下划线，这样可以分隔开年份和月份。但为了在视觉上做出改变，我们可以添加一个破折号，然后再选择年份。在这种情况下，我使用了4位数的年份选项（如**图3-22**所示），并添加在破折号之后。

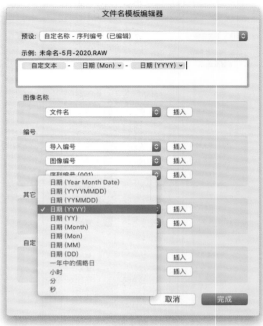

图 3-22

步骤6

我们将让Lightroom自动为这些照片按顺序编号。为此，请转到编号部分，从下方的第3个下拉列表内选择**导入序列编号（001）**（如**图3-23**所示），它将自动向文件名尾部添加3位编号（在命名字段上方可以看到其例子）。

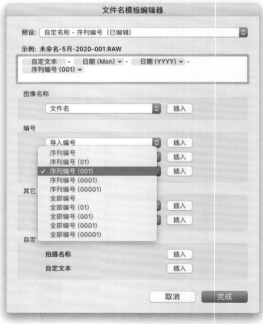

图 3-23

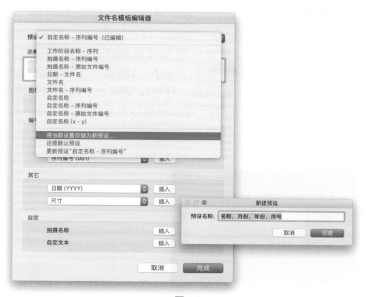

图 3-24

图 3-25

步骤 7

　　文件命名例子符合我们的要求后，请转到预设下拉列表，选择将当前设置存储为新预设，如**图 3-24** 所示。我们可以在弹出的对话框内命名预设，输入一个描述性的名称（这样我们在下次想应用它时就知道其执行的操作），再单击创建按钮，然后单击文件名模板编辑器对话框中的完成按钮。现在，当转到导入对话框时，选中重命名文件复选框，单击模板下拉列表，你会看到自定模板作为一种预设选项显示在其中。

步骤 8

　　当我们从模板下拉列表选择这个新命名模板之后，单击其下方的自定文本字段（我们前面添加的自定文本记号现在该发挥作用了，输入描述性的名称部分，在这个例子中，我输入了 De'Anne，如**图 3-25**所示，文字之间不能留空格）。这个自定文本将显示在两个下划线之间，产生直观的分隔，以免名称中的所有字符都连着显示到一起。输入之后，如果观察一下文件重命名面板底部的样本，就可以预览到照片重命名样式。选择该对话框底部在导入时应用和完成目标面板内的所有设置之后，就可以单击导入按钮。

3.4
创建自定义的元数据
（版权）模板

在本书的开始，我曾提及构建自定义的元数据模板，这样就可以在照片导入 Lightroom 的时候，轻松且自动地将自己的版权和联系信息嵌入照片中。这里介绍怎样做到这一点。请记住我们可以创建多个模板，这样，我们不仅可以创建一个带有完整联系信息（包括你的电话号码）的模板，还可以创建一个只带有基本信息的模板，或者是创建一个只用于导出图像以发送给图库代理机构的模板，等等。

步骤 1

在导入对话框内创建元数据模板。按 Command+ Shift+I（PC：Ctrl+Shift+I）组合键，打开导入对话框，在在导入时应用面板的元数据下拉列表内选择新建，如**图** 3-26 所示。

图 3-26

步骤 2

此时会出现一个空白的新建元数据预设对话框。首先，单击该对话框底部的全部不选按钮这样在 Lightroom 内查看该元数据时就不会有空白字段，而只显示出有数据的字段，如**图** 3-27 所示。

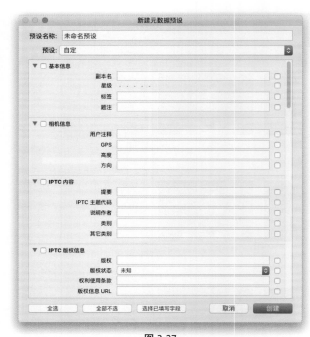

图 3-27

图 3-28

步骤 3

在 IPTC 版权信息区域中输入版权信息，如**图 3-28** 所示。接下来转到 IPTC 拍摄者区域，输入联系信息（毕竟，如果有人访问了你的网站，下载了一些图像，你可能希望他们能够与你联系，安排照片的使用许可事宜）。如果你觉得前一步中添加的版权信息 URL（Web 地址）中包含了足够的联系信息，则可以跳过填写 IPTC 拍摄者区域这一步（毕竟，整个元数据预设是为了帮助潜在客户意识到你的作品具有版权保护，告诉他们如何与你联系）。输入需要嵌入照片内的所有元数据信息之后，请转到该对话框的顶部，命名预设，之后单击创建按钮，如**图 3-28** 所示。

图 3-29

步骤 4

创建一个元数据模板十分简单，删除它也不困难。回到在导入时应用面板，从元数据下拉列表内选择编辑预设，这将打开编辑元数据预设对话框（它看起来像新建元数据预设一样）。从顶部的预设下拉列表内选择想要删除的预设。当所有元数据显示在该对话框内之后，再次回到预设下拉列表，这次选择删除预设"（预设名称）"，如**图 3-29** 所示。这时会弹出一个警告对话框，询问是否确认删除该预设。单击删除按钮，它就永远消失了。

3.5
使用背景光变暗、关闭背景光和其他视图模式

Lightroom可以使照片成为展示的焦点，这让我对Lightroom爱不释手，也是我喜欢用Shift+Tab组合键隐藏所有面板的原因。如果想进一步了解，在隐藏了这些面板之后，你可以使照片周围的所有内容变暗，或者完全"关闭灯光"，这样照片之外的一切都变为黑色。下面介绍其实现方法。

步骤1

按键盘上的L键，进入背景光变暗模式。在这种模式下，中央预览区域内照片之外的所有内容完全变暗（有点像调暗了灯光，如**图3-30**所示）。这种变暗模式最酷的一点就是面板区域、任务栏和胶片显示窗格等都能进行正常操作，我们仍可以调整、修改照片，就像"灯"全开着一样。

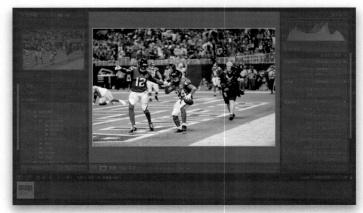

图 3-30

步骤2

下一个视图模式是关闭背景光（再次按L键进入关闭背景光模式），这种模式使照片真正成为展示的焦点，因为其他所有内容都完全变为黑色，屏幕上除了照片之外不再显示其他任何内容（要回到常规则打开背景光模式，再次按L键即可）。要让图像在屏幕上以尽可能大的尺寸显示，可在进入关闭背景光模式之前按Shift+Tab组合键隐藏两侧、顶部和底部的所有面板，这样就可以看到**图3-31**所示的大图像视图。不按Shift+Tab组合键时，看到的图像尺寸将像步骤1中那样小，在它周围有大量的黑色空间。

图 3-31

图 3-32

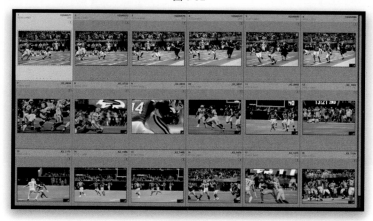

图 3-33

图 3-34

提示：控制关闭背景光模式

控制 Lightroom 关闭背景光模式的方式可能超出我们的想象。请转到 Lightroom 的首选项（Mac 上的 Lightroom 菜单，或者 PC 上的编辑菜单），单击界面选项卡就可以看到一些下拉列表，它们可以控制关闭背景光模式下的变暗级别和屏幕颜色，如图 3-32 所示。

步骤 3

如果想在 Lightroom 窗口内观察照片网格，而不看到其他杂乱对象，请按键盘上的 Shift+Tab 组合键，再按住 Command+Shift+F（PC：Ctrl+Shift+F）组合键，将隐藏该窗口的标题栏（位于 Lightroom 界面内任务栏的正上方），使 Lightroom 窗口填满屏幕。第 2 次按 F 键实际上隐藏的是屏幕窗口顶部的菜单栏。按 Shift+Tab 组合键将隐藏面板、任务栏和胶片显示窗格，按 T 键将隐藏工具栏（如果显示了过滤器栏，可按\键隐藏），这样在灰色背景上只能看到照片。我知道你可能在想："我不知道顶部的这两个细条是否真的分散注意力。"因此，不妨尝试隐藏它们一次，看看是什么效果。幸运的是，按 Command+Shift+F（PC：Ctrl+Shift+F）组合键后再按 T 键可以简单快捷地跳转到这一"超整洁、无杂乱视图"。要回到常规视图，请使用相同的快捷键。如图 3-33 所示是灰色版面，在此状态下，按两次 L 键进入关闭背景光模式，如图 3-34 所示。按一下 L 键，重新回到背景光视图，按下 Shift+F 组合键回到普通视图。

3.6
使用参考线和尺寸可调整的网格叠加

就像 Photoshop 的参考线，Lightroom 也有可移动并且不会打印出来的参考线。而且，Lightroom 还增加了在图像上添加尺寸可调整且不会打印出来的网格的功能（有助于对齐或调直图像的某一部分），但是它不仅是静止的网格，也并不只是可调整尺寸。我们下面从参考线讲起。

步骤 1

在视图菜单的放大叠加下选择参考线后，屏幕中央将会出现两条白线。若想移动水平线或垂直线，请按住 Command（PC：Ctrl）键，然后将鼠标指针移动到任意一条线上，此时鼠标指针将会变成双向箭头。只需单击并拖动参考线到你期望的位置即可。若想整体移动两条线，可按住 Command（PC：Ctrl）键，然后直接在两条线交汇处的黑圆圈上进行拖动，如**图 3-35** 所示。若想清除参考线，请按 Command+Option+O（PC：Ctrl+Alt+O）组合键。

图 3-35

步骤 2

网格的操作方法与此相似。进入视图菜单，在放大叠加下选择网格，照片上将会出现不会打印出来的网格，可以用来对齐。如果按住 Command（PC：Ctrl）键，屏幕上方会出现一个控制条。按住鼠标左键，在不透明度上左右滑动，可修改网格的可见度（如**图 3-36** 所示）。按住鼠标左键，在大小上左右滑动，可修改网格方块的大小：向左拖动使方块变小，向右拖动使其变大。若想清除网格，按 Command+Option+O（PC：Ctrl+Alt+O）组合键。注意：可以同时拥有多个叠加，所以可以同时使参考线和网格可见。

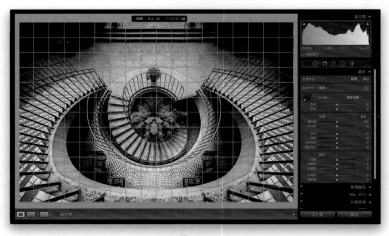

图 3-36

假设你在与潜在客户进行商务午餐，并且了解到客户是汽车爱好者。恰好你有汽车照片的收藏夹，于是你想快速整合你的照片，向他展示你的汽车摄影作品。这次应酬之后，你不再需要这个照片整合的文件夹，因为你只是想通过你的收藏找到喜欢的摄影作品，并把它们放在一个临时收藏中，用快速幻灯片放映。这时，快捷收藏夹就派上用场了。

3.7
什么时候应该使用快捷收藏夹

图 3-37

步骤 1

有许多理由可能会让你想要使用临时收藏夹，而我使用快捷收藏夹大多数是在需要快速组成一组幻灯片的情况下，特别是在需要使用来自许多不同收藏夹中的图像时。例如，在上述介绍里的例子中，我可以进入汽车收藏夹，挑选出一些喜爱的摄影作品移动到快捷收藏夹，用幻灯片播放。我只需打开收藏夹，然后双击图像，在放大视图中查看它们。当看到一幅想放到幻灯片中的照片时，按字母键 B 将它添加到快捷收藏夹中即可（屏幕上会显示出一条消息，提示照片已被添加到快捷收藏夹，如**图 3-37**所示）。

步骤 2

现在，我转到另一个包含汽车赛照片的收藏夹，并进行同样的操作，即每当看到想要放到幻灯片放映中的图像时，就按字母键 B 将它添加到快捷收藏夹。因此，我很快就可以浏览完 10 个或 15 个较好的收藏夹，并同时标记出那些我想用于幻灯片放映的照片。在网格视图中，当把鼠标指针移动到缩览图上时，每个缩览图的右上角会显示出一个小圆圈，单击它时变为灰色，此方法也可以将该照片添加到快捷收藏夹。要隐藏该灰点，请按 Command+J（PC：Ctrl+J）组合键，单击顶部的网格视图选项卡之后，取消选中快捷收藏夹标记复选框，如**图 3-38**所示。

图 3-38

步骤3

　　要查看放到快捷收藏夹内的照片，请转到目录面板（位于左侧面板区域内），单击快捷收藏夹，如**图3-39**所示。现在只能看见被收藏进快捷收藏夹的照片。要把照片从快捷收藏夹中删除，只需单击照片，再按键盘上的Delete（PC：Backspace）键即可（只是把它从这个临时快捷藏夹中移去，原始照片不会被删除）。

图 3-39

提示：保存快捷收藏夹

　　如果想要把快捷收藏夹保存为常规收藏夹，请转到目录面板，右击快捷收藏夹，从弹出菜单中选择存储快捷收藏夹，这时将弹出一个对话框，在此可以给新收藏夹命名。

步骤4

　　现在来自不同收藏夹的照片已被放入快捷收藏夹中，这时可以按 Command+Return（PC：Ctr+Enter）组合键启动 Lightroom 的即兴幻灯片放映功能，它使用 Lightroom 幻灯片放映模块中的当前设置，全屏放映快捷收藏夹中的照片，如**图3-40**所示。要停止幻灯片放映，你只需按 Esc 键即可。幻灯片放映结束，你可以自行决定是否要删除这个快捷收藏夹。如果要删除快捷收藏夹内的照片，直接右击快捷收藏夹（在目录面板内），选择清除快捷收藏夹即可，或者留作其他用途也可以。

图 3-40

我们刚才讨论了如何建立快捷收藏夹，将图像临时组织在一起以制作即兴幻灯片放映，或如何将其创建为实际的收藏夹。然而你可能会发现一项更有用的功能，就是用目标收藏夹来替代快捷收藏夹。我们使用相同的键盘快捷键，但是并不将图像发送到快捷收藏夹，而是进入一个已经存在的收藏夹。但是，为什么我们要这样做呢？读完本节，你就会发现为什么它如此便捷。

3.8
使用目标收藏夹

图 3-41

图 3-42

步骤 1

比方说，出国旅游的时候，你拍摄了许多建筑照片。如果将所有喜欢的建筑照片放入一个收藏夹中岂不是很好？这样就能非常便捷地查看照片了。你只需创建一个全新的收藏夹，将其命名为建筑。待建筑收藏夹出现在面板中后，右击它，在弹出菜单中选择设为目标收藏夹，如**图 3-41**所示。这将在收藏夹名称末端添加一个"+"标志，使人一眼就能看出它是你的目标收藏夹，如**图 3-41**所示。注意：目标收藏夹中无法创建智能收藏夹。

步骤 2

创建目标收藏夹后，添加图像就很简单了。当看到你喜欢的建筑物照片，无论它在哪个收藏夹中，只需按键盘上的字母键 B（与快捷收藏夹的快捷键相同），照片就会被添加到"建筑"目标收藏夹，屏幕上会出现添加到目标收藏夹"建筑"的确认信息，此时已经添加完毕，如**图 3-42**所示。但这并没有将照片从原来的收藏夹中移去，只是将它们同时添加到了"建筑"目标收藏夹中。

步骤3

　　现在，单击"建筑"目标收藏夹，就能看到刚刚添加的建筑物和其他建筑物的照片，这是因为我将所有建筑物的照片都放到了同一个地方，如**图3-43**所示。

图 3-43

步骤4

　　在Lightroom 5中，Adobe使创建目标收藏夹的过程方便了一些。现在，当你要创建收藏夹时，在创建收藏夹对话框中选中设为目标收藏夹复选框，这个新收藏夹就创建成了新的目标收藏夹，如**图3-44**所示。顺便提一下，一次只能拥有一个目标收藏夹，所以当你选择将不同的收藏夹创建为目标收藏夹后，上次选择的收藏夹将不再是目标收藏夹（该收藏夹依然存在，但是，按键盘上的字母键B，照片将不会被发送到该收藏夹，而是被发送到最新被指定的目标收藏夹中）。如果想创建一个快捷收藏夹（使用快捷键B），你只需右击目标收藏夹，并在弹出菜单中选中设为目标收藏夹来关闭目标收藏夹。

图 3-44

数码相机会自动在照片内嵌入各种信息，包括拍摄所用相机的制造商和型号、使用的镜头类型以及是否触发闪光灯等。在 Lightroom 中，我们可以基于这些嵌入的信息（被称作 EXIF 数据）搜索照片。除此之外，我们还可以把自己的信息嵌入文件中，例如版权信息或照片标题。

3.9
嵌入版权信息、标题或其他元数据

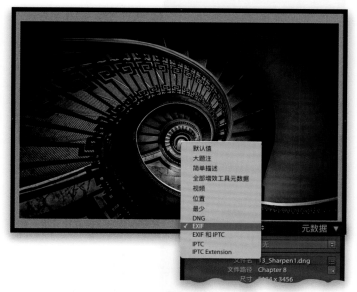

图 3-45

图 3-46

步骤 1

要查看照片中嵌入的信息（称作元数据），请转到图库模块右侧面板区域内的元数据面板。在默认情况下，它会显示嵌入在照片内的各种信息，因此可以看到嵌入的相机信息（称作EXIF数据，如拍摄照片所使用的相机制造商和型号，以及镜头种类等），以及照片尺寸、在Lightroom内添加的所有评级和标签等，但这只是其中的一部分信息。要查看相机嵌入在照片内的所有信息，请从该面板标题左侧的下拉列表内选择EXIF，如**图3-45**所示。如果需要查看所有元数据字段（包括添加标题和版权信息的字段），请选择 EXIF 和 IPTC。

提示：获取更多信息或搜索

在网格视图内，如果元数据字段右边出现箭头，这是转到更多的照片信息或者快速搜索的链接。例如，向下滚动EXIF元数据（相机嵌入的信息），把鼠标指针悬停在ISO感光度右侧的箭头上方几秒钟，就会显示出一条消息说明该箭头的作用（图3-46中，单击该箭头将显示出目录内以 ISO 400拍摄的所有照片）。

步骤2

　　虽然我们不能修改相机嵌入的EXIF数据，但可以在一些字段内添加自己的信息。例如，你想要添加标题（可能需要把照片上传到通信社），只需在元数据面板中单击标题文本框，再开始输入文字，如**图3-47**所示。输入完成后，只需要按Return（PC：Enter）键即可完成标题添加。你也可以在元数据面板内添加星级评级或者标签（但我通常不在这里添加）。注意：这里所添加的元数据会存储在Lightroom的数据库内，在Lightroom内把照片导出为JPEG、PSD或TIFF格式时，该元数据（以及所有颜色校正和图像编辑）才被嵌入文件中。然而，在处理RAW格式的照片时则有不同（下一步操作中将会介绍）。

图 3-47

步骤3

　　如果已经创建了版权元数据预设，而在导入这些照片时没有应用它，则可以在元数据面板顶部的预设下拉列表中应用它。如果还没有创建版权模板，则可以在元数据面板底部的版权部分添加版权信息（一定要在版权状态下拉列表内选择有版权，如**图3-48**所示）。你还可以一次为多张照片添加版权信息，按住Command（PC：Ctrl）键并单击选择需要添加该版权信息的所有照片之后，在元数据面板内添加信息时就会立即将这些信息添加给被选中的所有照片。

图 3-48

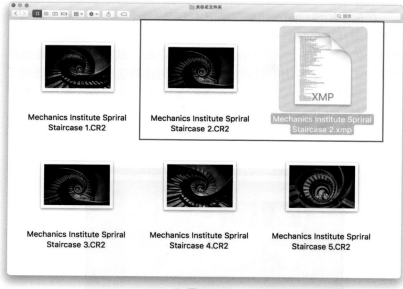

图 3-49

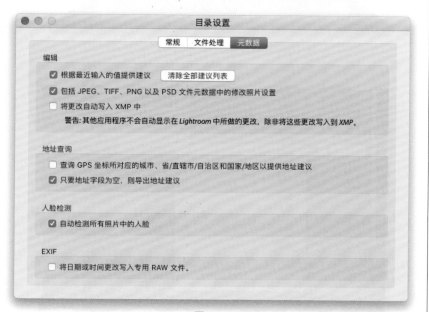

图 3-50

步骤 4

如果你打算把原始 RAW 格式文件传给他人，或者想在能够处理 RAW格式图像的其他应用程序中使用原始RAW格式文件，那么你将无法看到你在Lightroom内添加的元数据（包括版权信息、关键字甚至对照片所做的颜色校正编辑），因为不能直接在RAW格式照片内嵌入信息。要解决这个问题，你需要将所有这些信息写入一个单独的文件内，这个文件被称作XMP附属文件。这些XMP附属文件不是自动创建的，要在向他人发送 RAW格式文件之前按 Command+S（PC：Ctrl+S）组合键进行创建。创建完成之后，你就会发现RAW格式文件旁边出现了一个具有相同名称的XMP附属文件，但该文件的扩展名是".xmp"（这两个文件如**图3-49**中的红色方框所示）。这两个文件要保存在一起，如果要移动或者把RAW格式文件发送给同事或客户时，一定要同时对这两个文件进行操作。

步骤 5

现在，如果在导入时把RAW格式文件转换为DNG格式文件，那么按Command+S（PC：Ctrl+S）组合键即可把信息嵌入单个DNG格式文件内，因此不会产生单独的 XMP附属文件。实际上 Lightroom有一个目录首选项（如果使用的是Mac，在Lightroom 菜单中单击元数据选项卡；如果使用的是PC，在Lightroom的编辑菜单中选择目录设置，再单击元数据选项卡，如**图3-50**所示），它可以自动把对 RAW格式文件所做的所有修改写入XMP 附属文件。但其缺点是速度问题，每次修改RAW格式文件时，Lightroom 就必须把修改写入XMP附属文件，这会降低速度，因此我总是不选中将更改自动写入XMP中复选框。

3.10
从笔记本到桌面：同步两台计算机上的目录

在现场拍摄期间，如果在笔记本电脑上运行Lightroom，那么可能要将照片本身及其全部的编辑、关键字、元数据添加到工作室计算机上的 Lightroom 目录中。该操作并不难，基本上来说就是先选择笔记本电脑要导出的目录，然后把它创建的这个文件夹传送到工作室计算机上并导入它，所有辛苦的工作由 Lightroom 完成，我们只需要对 Lightroom 怎样处理做出选择即可。

步骤1

在外拍摄时，我们导入了照片，将其整理至收藏夹集并对部分照片进行了编辑——那么我们基本在笔记本电脑上做完了该做的事情，如**图** 3-51 所示。

图 3-51

步骤2

回到家后，打开笔记本电脑，转到收藏夹面板，右击之前创建的收藏夹集——要合并的笔记本电脑中的与台式计算机中的收藏夹集。注意：如果在文件夹而非收藏夹工作，则我们需要转到文件夹面板，右击该文件夹，从弹出菜单中选择将此收藏夹集导出为目录，如**图** 3-52 所示。

图 3-52

图 3-53

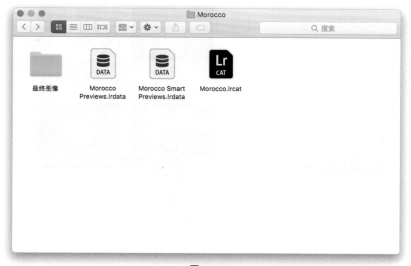

图 3-54

步骤3

选择此选项后，会弹出导出为目录对话框，如**图3-53**所示。首先，让我们选择保存此导出目录的位置。由于需要将这些图像从笔记本电脑传输到台式计算机，因此我建议使用小型便携式硬盘驱动器或具有足够可用空间的USB闪存驱动器来保存导出的目录、预览和原始图像。然后，为导出的收藏夹命名，选择要将其保存到的便携式驱动器，选中导出负片文件复选框（对话框底部），这样不仅可以保存对照片进行的编辑，还可以保存图像到便携式驱动器。确保同时选中了包括可用的预览复选框（以后在导入的时候，无须等待渲染），如果需要，我们还可以选中构建/包括智能预览复选框。

步骤4

单击导出目录按钮会导出收藏夹（通常不会花很长时间，但文件夹内的照片越多，花费的时间就越长），导出结束后，我们可以看到便携式驱动器（或USB闪存驱动器）上的新文件夹。如果查看该文件夹，会看到3或4个文件（取决于是否选择了导出智能预览），即（1）一个包含实际照片的文件夹；（2）包含预览的文件；（3）如果选择导出智能预览文件，还会有包含任何智能预览的文件；（4）目录文件本身（文件扩展名为".lrcat"，如**图3-54**所示）。

步骤5

　　在台式计算机上，进入Lightroom的文件菜单，选择从另一个目录导入。导航到在便携式驱动器上创建的文件夹，在该文件夹中单击文件扩展名为".lrcat"的文件（即要导入的目录文件，如**图3-55**所示），然后单击选择按钮，会弹出从目录"（目录名称）"导入对话框（如**图3-56**所示）。如果想要查看导入图像的缩览图，可以选中左下角的<u>显示预览</u>复选框，则对话框的右侧会显示缩略图，如**图3-56**所示。如果不想导入某一张或多张照片，可以不选中缩览图左上角的复选框。

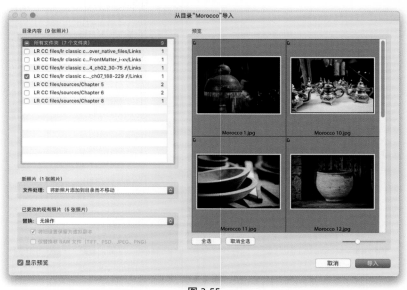

图 3-55

步骤6

　　到目前为止，我们只导入了预览和在笔记本电脑上对照片进行的编辑，还没有将照片从便携式驱动器或USB闪存驱动器上的文件夹移动到台式计算机的存储设备（我希望是外置硬盘）。要想移动原始图像，可在左侧的新照片区域，从<u>文件处理</u>弹出下拉列表中选择<u>将新照片复制到新位置并导入</u>，如**图3-56**所示。选择该选项后会在下方显示一个按钮，可以选择图像复制到的新路径。本例中，照片会存储在台式计算机的外置硬盘的主文件夹内的"旅行"文件夹内。因此，导航至"旅行"文件夹并单击选择按钮。现在，单击导入，则从外置硬盘中导出的收藏夹将添加到台式计算机的目录中，所有编辑、预览、元数据等都将保持不变，原始图像的副本将复制到外置硬盘上。

图 3-56

Lightroom目录出现重大问题的可能性微乎其微（毕竟我用Lightroom这么多年，未曾遇见过此事），即使目录不幸损坏了，Lightroom也会自动对其展开修复（非常方便实用）。相对而言，硬盘和计算机崩溃或被偷（而且没有对目录进行备份）的可能性会相对更高。以下是针对潜在风险的提前预警措施介绍。

3.11
灾难应急处理

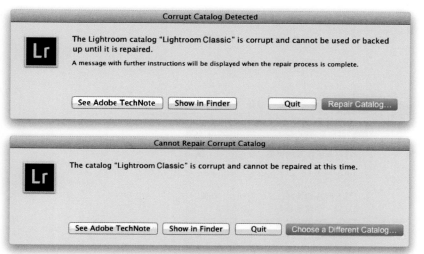

图 3-57

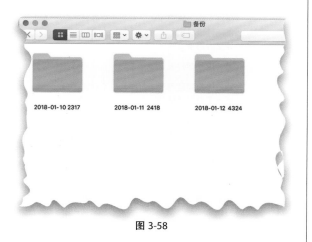

图 3-58

步骤1

打开Lightroom时，如果出现这一警告对话框（如图 3-57 上图所示），你可以单击修复目录按钮，让Lightroom自行修复。Lightroom能成功修复损坏的目录的可能性较大，但如果修复失败，我们会看到图 3-57 下图所示的警告对话框，告知我们目录已损坏，且无法修复。这样的话，我们就需要对目录进行备份。

步骤2

现在，备份了目录之后，我们只要存储备份目录即可正常工作（要知道，我们在3周之前做了备份，从那以后也许所有的数据都会丢失。所以经常备份目录文件是很有必要的，尤其在为客户工作时，备份显得就更为重要了）。好在存储备份目录不难。首先，进入我们的备份硬盘（请记住，我们的备份目录应该存储在一个独立的硬盘上，这样一来，计算机崩溃时硬盘上的备份目录不至于损坏），然后找到存储Lightroom备份目录的文件夹（备份目录是根据日期存储的，所以可以双击最早的日期），这样即可看到文件夹内的备份目录，如图 3-58 所示。

步骤3

接下来，寻找计算机上损坏的Light-room目录，删除损坏的目录文件。现在，将备份目录文件存储在原本损坏的目录文件的文件夹中，如**图3-59**所示。

提示：搜索目录

如果不记得Lightroom目录文件的存储路径，别担心，Lightroom能准确地记录目录文件的具体路径。转到Lightroom（PC：编辑）菜单，选择目录设置，单击常规标签页后，目录文件的存储路径会显示在目录文件名的上方。单击显示按钮，即可跳转至存储目录的文件夹。

图 3-59

步骤4

在文件菜单下选择打开目录（如**图3-60**所示），导航到放置目录的备份副本的位置（在计算机上），找到并单击该备份文件，然后单击确定，一切都会恢复原样（如果没有备份最近的目录文件，它会回到我们上次备份时的目录）。顺便说一句，它甚至能记忆照片存储位置。

提示：如果计算机崩溃了

除了目录文件崩溃之外，如果计算机崩溃了（硬盘损坏或计算机被偷等天灾人祸），应对措施是一模一样的。首先，我们不需要找到并删除原先的目录文件，因为这些文件都已丢失。我们只需要将备份好的目录文件拖曳至新建的空Lightroom文件夹内即可（在新计算机或新硬盘上第一次创建的文件夹）。

图 3-60

图 3-61

图 3-62

步骤 5

　　如果觉得目录文件没有问题，但被 Lightroom 锁定或是看似糟糕，很多时候只需退出 Lightroom 并重新启动即可（这就是解决问题的最简单的方法）。如果这不起作用，Lightroom 使用得仍不顺畅，则可能是偏好设置被更改了，那么可以退出 Lightroom，然后按住 Option+Shift（PC：Alt+Shift）组合键，再重新启动 Lightroom。持续按住这些键，直到出现对话框，询问是否要重置首选项，如**图 3-61** 所示。如果单击**重置首选项**，所有的首选项设置都会恢复出厂设置，所有问题都会消失。

步骤 6

　　如果安装了 Lightroom 的增效工具，但增效工具损坏或版本过旧，可以看看增效工具供应商的网站上是否有更新。如果是最新版的增效工具，可以转到文件菜单下选择增效工具管理器。在对话框中单击增效工具，然后在右侧单击禁用按钮，查看问题是否仍然存在，如**图 3-62** 所示。使用过程中逐个关闭增效工具，逐个排除，直到找出问题所在。如果禁用增效工具之后问题仍然存在，那么就需要重新安装软件了（如果版本是 Lightroom 6），你可以从 Adobe Creative Cloud 应用程序（如果使用的是 Lightroom Classic CC）重新安装。首先，从计算机上卸载 Lightroom（目录文件不会被删除），然后进行安装，这肯定能解决上述问题。如果问题还未能解决，可以联系 Adobe 解决。

摄影师：斯科特·凯尔比 ┊ 曝光时间：1/100s ┊ 焦距：180mm ┊ 光圈：f/7.1

CHAPTER 4

第4章
自定义设置

- 选择你想在放大视图中看到的信息
- 选择你想在缩览图中看到的信息
- 轻松利用面板进行工作
- 在Lightroom中使用双显示器
- 选择胶片显示内容
- 添加影室名称或徽标，创建自定义效果

4.1
选择你想在放大视图中看到的信息

在照片的放大视图下，除了放大显示照片之外，还能够在预览区域的左上角以文本叠加方式显示照片的相关信息，且显示的信息量由你决定。我们大部分时间都会在放大视图内工作，因此，让我们来配置适合自己的放大视图。

步骤1

在图库模块的网格视图内单击某张照片的缩览图，然后按键盘上的字母键 E 进入放大视图。在**图 4-1** 所示的例子中，我隐藏了除右侧面板区域外的所有区域，因此照片能以更大的尺寸显示在放大视图内。

图 4-1

步骤2

按 Command+J（PC：Ctrl+J）组合键打开图库视图选项对话框之后，单击放大视图选项卡。在该对话框的顶部，选中显示叠加信息复选框，其右侧的下拉列表会让你选择两种不同的叠加信息：信息 1，在预览区域左上角叠加照片的文件名（以大号字体显示，如**图 4-2** 所示），在文件名下方以较小的字号显示照片的拍摄日期及其裁剪后尺寸；信息 2，也在预览区域左上角显示文件名，但在其下方显示曝光度、ISO 和镜头设置等信息。

图 4-2

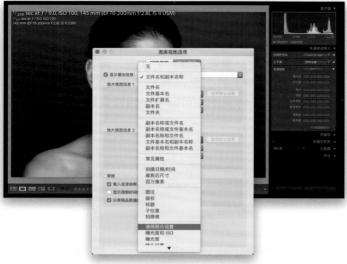

图 4-3

图 4-4

步骤 3

在该对话框内的下拉列表中可以选择这两种叠加信息显示哪些信息。例如，如果不想以大号字体显示文件名（这里对放大视图信息 2 进行操作），则可以从第 1 个下拉列表内选择通用照片设置选项（如**图4-3** 所示）。选择该选项后，Lightroom 将不会以大号字体显示文件名，而显示与直方图下方相同的信息（如右侧面板区域顶部面板内的快门速度、光圈、ISO 和镜头设置）。从这些下拉列表中可以独立选择定制两种信息叠加（每个部分顶部的下拉列表项将以大号字体显示）。

步骤 4

需要重新开始设置时，只要单击右侧的使用默认设置按钮，就会显示出默认的放大视图信息设置。我个人觉得在照片上显示文本大多数时间会分散注意力。这里的关键部分是"大多数时间"，其他时间则很方便。因此，如果你也认为这很方便，我建议：（1）取消选中显示叠加信息复选框，打开放大视图信息下拉列表下方的更换照片时短暂显示复选框，这将暂时叠加信息——当第 1 次打开照片时，它会显示 4 秒左右，之后隐藏；（2）使该选项为关闭状态，当你想看到叠加信息时，按字母键 I 在信息 1、信息 2 和显示叠加信息关闭之间切换。在该对话框的底部还有一个复选框，取消选中的话可以关闭显示在屏幕上的简短提示，如"正在载入"或者"指定关键字"等，另外还有一些视频选项复选框，如**图4-4** 所示。

4.2
选择你想在缩览图中看到的信息

网格视图内缩览图周围的小单元格有一些很有用的信息（这取决于每个人不同的看法），当然，在第1章我们学习过按字母键J可以切换单元格信息显示的开/关状态，而在本节中将介绍如何选择在网格视图内显示的信息，我们不仅可以完全自定义信息的显示量，而且在某些情况下还可以准确定制显示哪些类型的信息。

步骤1

请按字母键G跳转到图库模块的网格视图，再按Command+J（PC：Ctrl+J）组合键打开图库视图选项对话框（如**图4-5**所示），单击顶部的网格视图选项卡。在该对话框顶部下拉列表的选项中，可以选择在扩展单元格视图或紧凑单元格视图下显示网格额外信息。二者的区别是，在扩展单元格视图下可以看到更多信息。

步骤2

我们先从顶部的选项区域开始，如**图4-6**所示。我们可以向单元格添加选取标记以及左/右旋转箭头，如果选中仅显示鼠标指向时可单击的项目复选框，这意味着它们将一直隐藏，直到把鼠标指针移动到单元格上方时才显示出来，这样就能够单击它们。如果不选取该复选框，将会一直看到它们。如果你应用了颜色标签，选中了对网格单元格应用标签颜色复选框，将把照片缩览图周围的灰色区域着色为与标签相同的颜色，并且可以在下拉列表中选择着色的深度。如果选中显示图像信息工具提示复选框，当你将鼠标指针悬停在单元格内某个图标上时（如选取旗标或徽章），该图标的描述将会出现。当将鼠标指针悬停在某个照片的缩览图上时，将会快速出现该照片的EXIF数据。

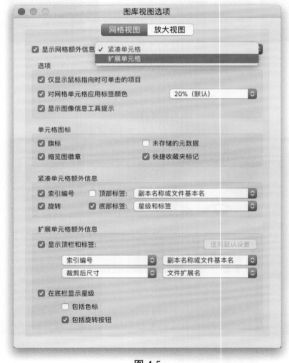

图 4-5

图 4-6

（a）缩览图右下角的这些图标表示该照片被添加过关键字、嵌入过 GPS 信息、添加到收藏夹，以及被裁剪和编辑过

（b）缩览图右上角的圆圈实际上是一个按钮，单击可将照片快速添加到收藏夹

图 4-7

（a）单击旗标图标，将照片标记为留用

（b）单击未存储的元数据图标，保存对照片的修改

图 4-8

图 4-9

步骤 3

　　下一部分的单元格图标中，有两个选项控制着照片缩览图图像上显示的内容，还有两个选项控制着在单元格内显示的内容。缩览图徽章显示在缩览图自身的右下角，它包含的信息[如**图 4-7（a）**所示]:（1）照片是否嵌入 GPS 信息;（2）照片是否添加了关键字;（3）照片是否被裁剪过;（4）照片是否被添加到收藏夹;（5）照片是否在 Lightroom 内被编辑过（包括色彩校正、锐化等）。这些小徽标实际上是可单击的快捷方式。例如，如果想添加关键字，则可以单击关键字徽标（这个图标看起来像个标签）打开关键字面板，并突出显示关键字字段，你还可以输入新的关键字。缩览图上的另一个选项是快捷收藏夹标记，如**图 4-7（b）**所示，当把鼠标指针移动到单元格上时，它在照片的右上角会显示出一个黑色圆圈按钮，单击这个按钮将把照片添加到快捷收藏夹或者从收藏夹中删除，此时按钮为灰色。

步骤 4

　　另外两个选项不会在缩览图上添加任何内容，但它们会在单元格自身区域上添加图标。单击旗标图标将向单元格的左上侧添加选取标记，如**图 4-8（a）**所示。这部分中的最后一个复选框是未存储的元数据，它在单元格的右上角添加小图标[如**图 4-8（b）**红色方框所示]，但只有当照片的元数据在 Lightroom 内被更新之后（从照片上次保存时间开始），并且这些修改还没有被保存到文件自身中时才会显示这个图标（如果导入的照片，如 JPEG 图片已经应用了关键字、分级等，之后你在 Lightroom 内添加关键字或者修改分级时，有时会显示这个图标）。如果看到这个图标，则可以单击它，打开一个对话框，询问是否保存图像的修改，如**图 4-9**所示。

步骤5

接下来我们将介绍图库视图选项对话框底部的扩展单元格额外信息区域，从中选择在扩展单元格视图内每个单元格顶部的区域显示哪些信息。默认情况下，该区域将显示4种不同的信息（如**图**4-10所示）：它将在左上角显示索引编号（单元格的编号，如导入了63张照片，第1张照片的索引号是1，之后依次是2、3、4……63）；然后，在左下角将显示照片的像素尺寸（如果照片被裁剪过，它将显示裁剪后的最终尺寸）；在右上角显示文件名；在右下角显示文件类型（如 JPEG、RAW、TIFF 等）。要想修改其中任何一个信息标签，只需单击要修改的标签，这会显示出一个长长的信息列表，从中可以选择可显示的标签。如果不必显示全部4种信息标签，只要在其下拉列表内选择无即可。

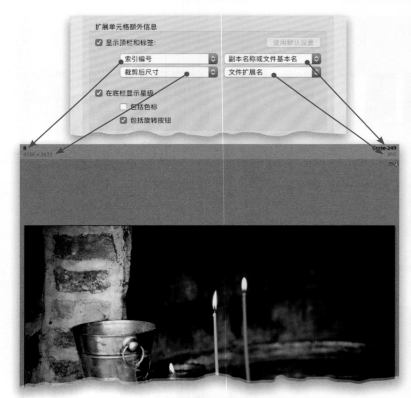

图 4-10

步骤6

虽然可以使用图库视图选项对话框内的这些下拉列表选择显示哪种类型的信息，但请注意一点：实际上在单元格内可以完成同样的操作。只要单击单元格内任一个现有的信息标签，就会显示出与该对话框内完全相同的下拉列表。只要从该列表中选择想要的标签（这里选择ISO感光度，如**图**4-11所示），之后它就会显示在这个位置上（可以看到该照片是以ISO 200拍摄的，如**图**4-11中红色圆圈所示）。

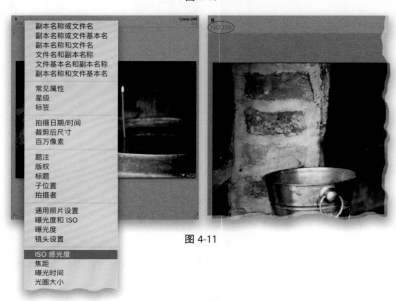

图 4-11

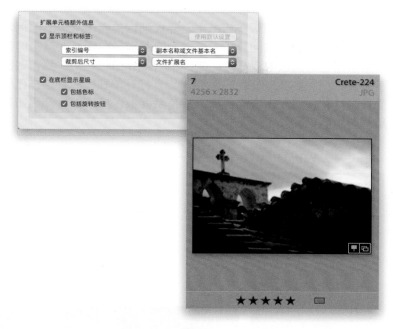

图 4-12

图 4-13

步骤 7

扩展单元格额外信息区域底部的复选框默认是选中的,如**图 4-12**所示。这个选项会在单元格底部添加一个区域,这个区域被称作底栏星级区域,它可以显示照片的星级。如果在底栏显示星级下方的两个复选框全保持选中状态,则还会显示颜色标签和旋转按钮(它们是可以单击的,只要鼠标指针停留在单元格上就会显示)。

步骤 8

紧凑单元格额外信息区域中一些选项的作用和扩展单元格额外信息中一些选项的作用极其相似,但在紧凑单元格额外信息区域只有两个字段可以自定(在扩展单元格额外信息区域中有 4 个),即文件名(显示在缩览图的左上角)和评级(显示在缩览图的左下角),如**图 4-13**所示。要更改那里显示的信息,请单击相应标签的下拉列表进行选择。左边的两个复选框可隐藏/显示索引号(在本例中,索引号为显示在单元格左上侧的那个巨大的灰色数字)和单元格底部的旋转箭头(把鼠标指针移动到单元格上方时就会看到它)。最后要介绍的一点是:取消选中该对话框顶部的显示网格额外信息复选框,就可以关闭所有这些额外信息。

4.3
轻松利用面板进行工作

Lightroom 的面板多如牛毛，要找到相关操作所需的面板，你需要在这些面板内来回查找，这样会浪费很多时间，尤其当你在之前从未用过的面板中浏览时。在 Lightroom 研讨班上，我曾做出如下建议：（1）隐藏不使用的面板；（2）打开单独模式，这样在单击面板时，它只显示一个面板而折叠其余面板。接下来将介绍如何使用这些隐藏功能。

步骤1

　　首先转到任一侧面板，之后用鼠标右键单击面板标题，打开的快捷菜单中将列出这一侧的所有面板。旁边有选取标记的面板是可见的，因此，如果想在视图中隐藏面板，只需要在该列表中单击它，它就会隐藏。例如，在修改照片模块的右侧面板区域（如**图4-14**所示），我隐藏了校准面板。接下来，如在本节介绍中所提到的，我建议打开单独模式（在同一个快捷菜单中单击它，如**图4-14**所示）。

图 4-14

步骤2

　　请观察**图4-15**，**图4-15（a）**所示是修改照片模块中面板通常显示的效果。我想在分离色调面板内进行调整，但由于所有其他面板都展开了，所以必须向下拖动滑动条才能找到我想要的面板。然而，请观察**图4-15（b）**所示的面板，这是打开单独模式后同一套面板的显示效果：所有其他面板都折叠起来，因此我可以将注意力集中到分离色调面板。如果要在不同的面板内对照片进行处理，只要在分离色调面板上单击其名称，面板就会自动折叠起来。

（a）在修改照片模块中，右侧面板区域关闭单独模式时的状态

（b）在修改照片模块中，右侧面板区域打开单独模式时的状态

图 4-15

Lightroom支持使用双显示器，因此可以在一个显示器上处理照片，在另一个显示器上观察该照片的全屏版本。但Adobe的双显示器功能远不止这些，一旦配置完成后，它还有一些很酷的功能。下面介绍怎样配置它。

图 4-16

图 4-17

4.4
在Lightroom中使用双显示器

步骤1

双显示器控件位于胶片显示窗格的左上角（如**图4-16**中红色圆圈所示），从中可以看到两个按钮：一个标记为1，代表主窗口；一个标记为2，代表副窗口。如果你没有连接副显示器，单击副窗口按钮会将本该在副显示器内显示的内容显示在一个独立的浮动窗口内，如**图4-16**右下角所示。

步骤2

如果计算机连接了另一个显示器，则当单击副窗口按钮时，独立的浮动窗口会以全屏模式（当设置为放大视图显示时）显示在副显示器内，如**图4-17**所示。这是默认设置，该设置便于我们在一台显示器上看到Lightroom的界面和控件，在副显示器上看到照片的放大视图。

步骤3

　　使用副窗口快捷菜单（只要长按副窗口按钮就可打开）可以控制副显示器的显示内容，如**图4-18**所示。例如，可以让筛选视图显示在副显示器上，然后放大，并在主显示器上用放大视图观察这些筛选图像中的一幅，如**图4-19**所示。顺便提一下，副显示器上筛选视图、比较视图、网格视图和放大视图的快捷键是在这些视图模式快捷键上加Shift键（因此，按Shift+N组合键可以使副显示器进入筛选视图，其他的以此类推）。

步骤4

　　除了放大视图能以较大的尺寸观察之外，还有一些更酷的副窗口选项。例如，单击副窗口按钮，从副窗口内选择放大－互动，然后把鼠标指针悬停在主显示器网格视图（或者胶片显示窗格）内的缩览图上，观察在副显示器上鼠标指针移过照片时的即时放大视图（**图4-20**所示中，在主显示器上选择了第3张照片，而在副显示器上看到的却是鼠标指针当前悬停的第4张照片）。

图 4-18

图 4-19

图 4-20

图 4-21

步骤 5

另一个副窗口放大视图选项是放大 – 锁定，从副窗口内选择该选项后，它将锁定副显示器上放大视图内当前显示的图像（如**图 4-21** 所示），因此可以在主显示器内观察并编辑其他图像（当想返回之前的编辑状态时，只需关闭放大 – 锁定模式）。

副显示器视图，其顶部和底部显示导航栏

图 4-22

步骤 6

副显示器上图像区域顶部和底部将显示导航栏。如果想隐藏它们，请单击屏幕顶部和底部的灰色小箭头，使屏幕上只显示图像，如**图 4-22**、**图 4-23** 所示。你也可以右击任一箭头，导航栏的隐藏和显示选项就会出现。

隐藏副显示器导航栏，屏幕上的视图更大

图 4-23

副窗口下拉菜单中还有一项称作显示副显示器预览的功能（如图4-24所示），它会在主显示器上显示一个小的副显示器浮动窗口，显示我们在副显示器上所看到的内容。这非常适合演示，这时副显示器实际上是一台投影仪，我们可以面对观众，作品则被投影到身后或远处的屏幕上；或者即时在副显示器上向客户展示作品，而该屏幕又朝向远离我们的位置（这样，他们将不会看到所有控件、面板以及其他可能分散他们注意力的东西）。

图 4-24

就像在网格和放大视图内可以选择显示哪些照片信息一样，我们也可以在胶片显示窗格内选择显示哪些信息。因为胶片显示窗格空间很小，所以我认为控制里面所显示的内容显得尤为重要，否则它看起来会很混乱。尽管接下来我将演示怎样打开 / 关闭每个信息行，但我建议将胶片显示窗格内的所有信息保持关闭状态，以免 "信息过载"，使本已拥挤的界面显得更加混乱。但为了以防万一，接下来还是演示一下如何选择要显示的内容。

4.5
选择胶片显示内容

步骤1

右击胶片显示窗格内的任一个缩览图将弹出一个快捷菜单，如**图 4-25** 所示。位于快捷菜单底部的是胶片显示窗格的视图选项，其中有 4 个选项：（1）**显示星级和旗标状态**选项，它会向胶片显示窗格的单元格添加小的旗标和评级；（2）**显示徽章**选项，它会向胶片显示窗格的单元格添加我们在网格视图中所看到的缩小版徽章（显示照片是否已经被添加到收藏夹、是否应用了关键字、照片是否被裁剪，或者是否在 Lightroom 内被调整过等）；（3）**显示堆叠数**选项，会向胶片显示窗格的单元格添加堆叠图标，显示堆叠内图像的数量；（4）最后一个选项是**显示图像信息工具提示**，它将在我们把鼠标指针悬停在胶片显示窗格内的图像上方时弹出一个小窗口，显示我们在视图选项对话框的叠加信息 1 中选择的信息内容。

图 4-25

图 4-26

图 4-27

步骤2

当这些选项全部关闭和全部打开时胶片显示窗格的显示效果分别如**图 4-26**、**图 4-27** 所示。从**图 4-27** 中可以看到选取标记、星级和缩览图徽章（以及元数据未保存警告）。将鼠标指针悬停在一个缩览图上时，便可以看到弹出的显示照片信息的小窗口，如**图 4-27** 所示。

4.6
添加影室名称或徽标，
创建自定义效果

我第一次看到 Lightroom 时，震撼我的一个功能便是可以用自己工作室的名称或者徽标替换 Lightroom 徽标（显示在 Lightroom 的左上角）。我必须说的是，在向客户演示时，它确实展现了很好的显示效果，就像 Adobe 专门为你设计了 Lightroom 一样。除此之外，Lightroom 还能够创建身份识别，这项功能比为 Lightroom 添加自定义显示效果更强大，但我们将从自定义显示效果开始介绍。

步骤 1

首先，为了能够有一个参考画面，这里给出 Lightroom 操作界面左上角的放大视图，如**图 4-28** 红色方框所示，以便能够清晰地看到我们在步骤 2 中将要开始替换的徽标。现在可以用文字替换 Lightroom 的徽标（甚至可以使文字与**图 4-28** 右上方任务栏中的模块名相匹配），也可以用徽标图形替换该徽标，我们将分别介绍二者的实现方法。

图 4-28

步骤 2

请转到 Lightroom 中的编辑菜单，选择设置身份标识，打开身份标识编辑器对话框，如**图 4-29** 所示。默认情况下，身份标识下拉列表的设置为 Lightroom Classic CC（或 Adobe ID），此处需要更改为已个性化。若你想用你的名字替换上面的 Lightroom 徽标，就可以在对话框中部的黑色文本字段内进行输入。如果不想用自己的名字作为身份识别，则请输入任何你喜欢的内容（如公司、摄影工作室的名称等），然后在该文字仍然突出显示时，从下拉列表（位于该文本字段的正下方）中选择字体、字体样式（粗体、斜体、粗斜体等）以及字号。

图 4-29

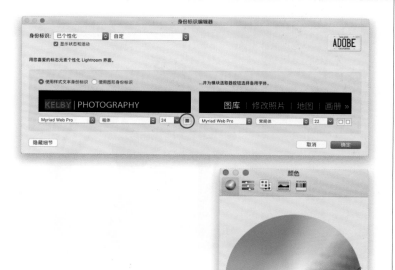

图 4-30

图 4-31

步骤3

如果你只想改变部分文字的字体、字号或颜色等，只要在修改之前选中你要修改的文字即可。要改变颜色，请单击字号下拉列表右侧的小正方形色板，打开颜色面板（**图**4-30所示的是macOS操作系统的颜色面板，Windows操作系统的颜色面板稍有不同，但也不难调整）。为指定文本选好颜色后，单击确定按钮，然后关闭颜色面板。

步骤4

如果对自定义身份识别的显示效果感到满意，则应该保存它，因为创建身份识别不只是可以替换当前的Lightroom徽标——通过在幻灯片放映、Web画廊或者最后打印模块的身份识别下拉列表中选择，你可以向这3个模块添加新定制的身份识别文本或徽标。要保存自定义身份识别，请从身份标识第2个下拉列表中选择存储为（如**图**4-31所示），再为我们的身份识别赋予一个描述性的名称，单击确定就可以保存它。从现在开始，它就会显示在身份标识下拉列表内，只需一次单击就可以从中选择同样的自定义文字、字体和颜色。

步骤5

　　单击确定按钮后，新的身份识别文字就会替换原来显示在左上角的Lightroom徽标，如**图**4-32所示。

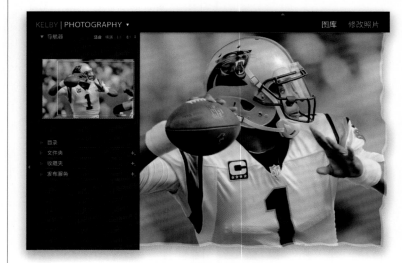

图 4-32

步骤6

　　如果想使用图形标识（类似公司徽标），则请再次转到身份标识编辑器对话框，选中使用图形身份标识单选按钮（如**图**4-33所示），而不是使用样式文本身份标识。接下来，单击查找文件按钮（位于左下角隐藏细节按钮上方），查找徽标文件。可以将徽标放在黑色背景上，使其与Lightroom背景协调一致，也可以在Photoshop中制作透明背景，并以PNG格式保存文件（以保持透明度）。现在，单击确定按钮，使该图形成为身份标识。注意：为了避免图形的顶部或底部被裁切掉，一定要将图形高度限制在57像素以内。

图 4-33

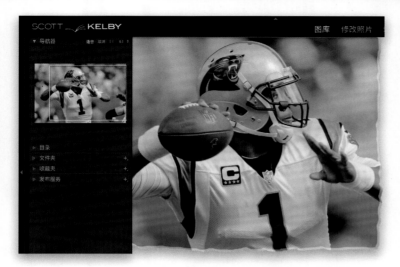

图 4-34

步骤7

单击确定按钮后，Lightroom徽标（或者自定义文字，即最后显示在Lightroom界面左上角的样式文本身份标识）被新的徽标图形文件所代替，如**图4-34**所示。如果你喜欢Lightroom这个新的图形徽标文件，别忘了从身份标识编辑器对话框顶部的身份标识下拉列表中选择存储为，保存这个自定义身份标识。

图 4-35

步骤8

如果在将来某个时刻你又喜欢原来的Lightroom徽标，只要到身份标识编辑器对话框，在身份标识下拉列表中选择Lightroom Classic CC即可，如**图4-35**所示。

摄影师：斯科特·凯尔比 │ 曝光时间：1/1250s │ 焦距：200mm │ 光圈：f/2.8

▶ *CHAPTER 5*

第5章
编辑图像

- 图片编辑菜单
- 编辑 RAW 格式照片
- 白平衡设置
- 联机拍摄时实时设置白平衡
- 查看修改前后的图像
- 使用参考视图复制特定的外观设定
- 自动调色功能
- 设置白点和黑点扩展色调区间
- 用曝光度滑块控制整体亮度
- 我的图像编辑三部曲：白色色阶 + 黑色色阶 + 曝光度滑块
- 增强对比度
- 解决高光问题
- 提亮暗部，修复逆光照片
- 调整清晰度使图像更具"冲击力"
- 使颜色变得更明快
- 去雾去霾
- 自动统一曝光度
- 整合以上所有基础操作
- 使用图库模块的快速修改照片面板

接下来我们将介绍基本面板中的滑块。顺便说一下，尽管Adobe将其命名为基本面板，但我认为这是Lightroom中取名最不恰当的一个面板，它应该叫作"必需"面板，因为大部分时间你都会在该面板内编辑照片。还有，你需要知道一些快捷功能，例如向右拖动滑块可以突出或增强其效果，向左拖动则会暗化或减弱其效果。

5.1
图片编辑菜单

RAW配置文件应用

可以在配置文件弹出菜单中选择要应用于RAW格式照片的整体"外观"。你可以选择从平淡的、原封的照片开始编辑，或是从色彩丰富、对比鲜明的照片开始。

自动调整色调

如果不确定应该从哪儿下手，可以试着单击自动按钮，它能自动调整照片的色调。如果不满意自动调整的效果（很少会不满意），可以按Command+Z（PC：Ctrl+Z）组合键取消自动调整。

调整曝光度

我一般会同时使用这3个滑块进行调整：首先，设定白色色阶和黑色色阶的范围节点，扩展照片的色调范围；然后，照片可能会变得过亮或过暗，再向右拖动曝光度滑块调整整体亮度，或向左拖动将其调暗。

以上操作如**图**5-1所示。

解决曝光问题

如果曝光度有问题（常因相机的感光元件引起），这两个滑块可以解决这类问题：最亮的区域过亮的时候，我会用高光调整（比如天空过亮）；阴影可以调整暗部的亮度，显现隐藏在阴影部分的物体——非常适合修复背光物体。

以上操作如**图**5-2所示。

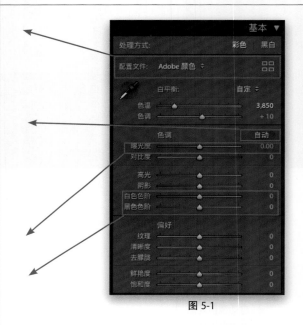

图 5-1

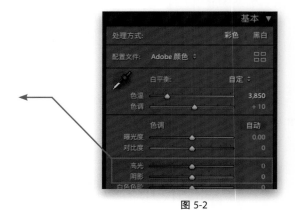

图 5-2

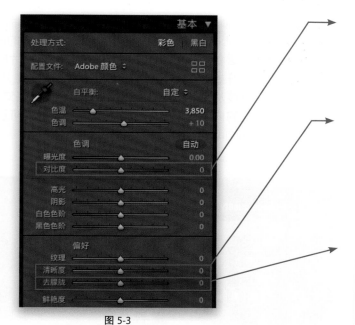

图 5-3

图 5-4

改善平淡、单调的照片

如果照片看起来平淡、单调，可以向右拖动对比度滑块，让最亮的区域变得更亮，暗部更暗，从而提升明亮反差，还可以增强照片色彩。

增强细节

从技术上讲，清晰度滑块控制中间色调对比度，向右拖动清晰度滑块可以显现照片的纹理和细节。但如果清晰度滑块向右拖动过多，会使照片变得更暗，所以增加清晰度之后可能需要向右拖动曝光度滑块，提高亮度。

去雾去霾

向右拖动去朦胧滑块能奇迹般地去除照片的雾霾。这其实是另一形式的对比度，可以利用这一功能为雾霾现象不明显的照片增强对比度。如果向左拖动去朦胧滑块，则可以增强雾霾效果。

以上操作如**图 5-3** 所示。

色彩校正

这两个白平衡滑块可以帮你矫正照片的白平衡。例如，向右拖动色温滑块可以减少蓝色偏色，向左拖动则可以添加蓝色来移除黄色色调。你也可以利用白平衡做一些创造性的改变，例如将略带黄色的日落调整为灿烂的橙色，或者将单调的天空变为蔚蓝色。

增加鲜艳度

当照片需要强烈的色彩时，我会向左拖动鲜艳度滑块。你或许会注意到没被提及的饱和度滑块，自从有了调整鲜艳度的功能后，我已经有数年没有使用过饱和度来调整色彩了。只有当我需要减少或移除照片色彩时，我才会使用饱和度，而且我从不往右拖动饱和度滑块。

以上操作如**图 5-4** 所示。

5.2
编辑 RAW 格式照片

2018年春，Adobe改进了我们处理RAW格式照片的方法，但我们需要知道Adobe做了什么改进，为什么要做这样的改进。我将在本节为大家介绍利用Lightroom处理RAW格式照片的思路，但我们需要从相机开始介绍。如果你拍摄照片的格式是JPEG，你可以略过本节，直接从5.3节开始看起。（实际上拍摄格式为JEPG并无坏处，但此处的内容不适用于JPEG格式的照片，可选择忽略以免浪费你宝贵的时间。）

步骤1

注意：本节介绍的内容只适用于照片拍摄格式为RAW的人群。如果你拍摄的照片的格式是JPEG，请跳过本节。

如果你拍摄时使用的是JPEG格式，相机能自动适用于各类后期处理——对比度、鲜艳度、锐度等，使你的照片从相机导出之后的效果看起来非常好。但相机中没有适用于RAW格式照片的软件，这就是JEPG格式的照片比RAW格式的照片看起来更好的原因，如**图5-5**所示。

图 5-5

步骤2

默认情况下，JPEG格式的照片的效果会更好，因为大多数相机内应用的相机配置文件可以用来修改、编辑JPEG格式的照片。这些配置文件以拍摄主题命名，例如，你在拍摄风光照片，则可以应用相机的风景（Landscape）配置文件增强色彩、锐度和对比度，如**图5-6**所示。你还可以选择鲜艳，为照片获取更饱和的色彩。如果拍摄人像，可以选择人像的配置文件，它可以为照片提供平淡和对比度低的外观和色调，让肤色更柔和。

图 5-6

图 5-7

图 5-8

步骤 3

　　当相机将照片的格式转换为 RAW 格式时（如**图 5-7** 所示），需要关掉美化照片的功能——锐度、对比度、鲜艳度和降噪等，变成无任何修改的 RAW 格式照片，以便后期在 Lightroom（或 Photoshop 等其他修图软件）自行添加锐度和对比度等。对于 RAW 格式的照片，这种"关闭所有相机中的内容"的操作也适用于你刚刚了解到的那些相机配置文件。即使 RAW 格式照片应用了风光或人像的相机配置文件，因为是 RAW 格式，Lightroom 也会忽略应用了相机配置文件的 RAW 格式照片（总之，相机配置文件实际上只适用于 JPEG 格式图像）。值得高兴的是，在 Lightroom 里可以把同类型的相机配置文件应用于 RAW 格式图像。

步骤 4

　　鉴于读取速度的不同，在 Lightroom 中打开 RAW 格式的照片时，Lightroom 第 1 次显示的是 JPEG 格式的照片。这是因为 JPEG 的尺寸较小，且嵌入在 RAW 格式文件中。虽然相机拍摄的是 RAW 格式的照片，但在相机里看到的是 JPEG 格式的预览图像，所以仍可以在相机里浏览饱和度、对比度和锐度更高的照片。即便在屏幕上看到的是 JPEG 格式的照片，但是 Lightroom 会在后台处理 RAW 格式的照片，如**图 5-8** 所示。现在，Lightroom 仍使用 Adobe 至少 11 年前设计的配置文件处理 RAW 格式照片，因为 Adobe 认为该配置文件能准确地读取相机拍摄的 RAW 格式照片。这个预设文件被称为 Adobe 标准（现在位于基本面板中）。我之前曾开玩笑地把它叫作 Adobe"废物"，因为应用后结果一点都不明显，不过对于相机捕捉画面来说它确实非常准确。

步骤 5

　　十多年以来，我一直建议摄影师应用隐藏在校准面板中的 Adobe 相机配置文件来获得比应用 Adobe 标准更好的照片效果（在 Lightroom 之前的版本中有这个功能）。你可以选择相机风景或相机生动（取决于你的相机），这会使 RAW 格式图像看起来更像 JPEG 格式图像的预览——对比度更明显、色彩更丰富，所以更像 JPEG 格式图像。2018 年春，Adobe 发布了 Adobe 颜色（这是 Lightroom 新默认的 RAW 格式图像），用以替代 Adobe 标准。这是一个更出色的编辑起始点，因为它使 RAW 格式图像的色彩让人感到更愉悦，色温、对比度和鲜艳度相对增强。此外，Adobe 将配置文件选项移动到基本面板的顶部，如**图 5-9** 所示。我们无须执行任何操作即可使用 Adobe 颜色配置文件——它会默认添加。但是，好在我们现在有了更多的选择。

图 5-9

步骤 6

　　例如，从配置文件弹出菜单中选择 Adobe 风景配置文件，这样风光照片的效果会更好（我认为比相机内置配置文件的效果还要好）。部分照片应用 Adobe 鲜艳之后的效果会更佳，只有你尝试过才会知道。虽然 Adobe 在配置文件弹出菜单中将 Adobe Raw 配置文件添加至收藏夹，但我们可以通过单击浏览（如**图 5-10** 所示）找到其他配置文件。还可以单击配置文件弹出菜单右侧的 4 个方块小图标——单击任一个将打开配置文件浏览器。

图 5-10

图 5-11

步骤 7

在配置文件浏览器的 Adobe Raw 中会找到新的 RAW 配置文件。如果选择了其中一个配置文件，则可在缩览图中看到预览图像。如果将鼠标指针悬停在某一个缩览图上，则可以全面预览该配置文件在图像上的效果。这里，我选择了 Adobe 鲜艳配置文件，看看图 5-11 中应用该配置文件后照片的效果看起来有多好（可以通过在修改照片模块中随时按下字母键 Y 来看到修改之前和修改之后的图像分屏。

图 5-12

步骤 8

除了 Adobe 新改进的 RAW 相机配置文件外，还可以查看 Lightroom 以前版本中的相机配置文件。这些文件可在 Camera Matching 下找到，被命名为 Camera Matching 是因为如果你在 JPEG 模式下拍摄，这些相同的配置文件可以应用在相机中（不同相机的列表会有所不同）。要处理 Lightroom 旧版本中编辑的 RAW 格式图像，可以使用原先的相机配置文件，如果已应用旧版本的配置文件，则不会自动更改为新的配置文件。话虽这么说，但我不建议将这些旧的相机配置文件应用到刚刚导入至 Lightroom 的新照片中，因为其效果不如新照片好，但如果你需要使用，至少知道能在哪里找到。

步骤9

如果需要，可以在配置文件浏览器中更改缩览图选项。标准视图称为网格，如**图5-13**所示。如果想要放大缩览图，可以在右上角的弹出菜单中选择大（如**图5-14**所示），则可获得较大的单列、全宽的缩览图。你也可以选择列表（如**图5-15**所示），查看只是纯文本的列表。若要查看更大的缩览图，可以单击并向左拖动面板区域的左边缘，使整个右侧面板区域变宽。（触及停止的点之后，无法拖动得更远，但可以将这些面板调整得比默认设置更宽一点。）

默认：网格　　　　　　　大　　　　　　　列表（纯文本）

图5-13　　　　　　　　图5-14　　　　　　　图5-15

步骤10

若要将配置文件保存到收藏夹（这样即可将其置于配置文件的弹出菜单上，无须再翻动面板查找配置文件），可将鼠标指针移动至想保存的缩览图上，单击右上角的星星图标（如**图5-16**所示）即可。当配置文件浏览器被隐藏时，该配置文件会显示在配置文件的弹出菜单中（如**图5-17**所示），打开配置文件浏览器时，该配置文件将显示在收藏夹下（只需单击星形图标即可删除收藏夹）。Adobe Raw 和 Camera Matching 配置文件都有单色选项，我们将在第7章中学习如何将它们转换为黑白的内容。最后，Camera Matching 配置文件下方会有更多的配置文件，这些实际上是我们可以应用的创造性效果，这些配置文件的效果非常棒。（如果经常使用某个配置文件，可以将其添加至收藏夹。）

图5-16

图5-17

编辑照片之前，我一般先设置白平衡，具体原因如下：（1）多数情况下，更改白平衡会影响图像的整体曝光时间（拖动色温滑块时请查看直方图，可以看到白平衡对曝光的影响很大）；（2）如果颜色得不到校正，则难以准确调整曝光，我发现如果颜色正好合适，往往能准确地调整曝光。

5.3
白平衡设置

图 5-18

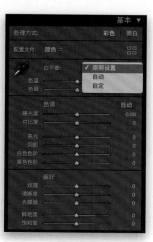

图 5-19　　　　　图 5-20

步骤 1

　　白平衡控件位于修改照片模块的基本面板顶部附近。照片可以显示你在相机中选择的白平衡类型，白平衡弹出菜单的设置是原照设置——你看到的白平衡设置是在相机内设定的，这也是称白平衡为"原照设置"的原因。你可以看到**图 5-18**中的白色平衡类型为原照设置，这样的设置会使照片太蓝（我早先在荧光灯模式下拍摄，然后在自然光模式下拍摄，忘记了更改白平衡来适应照明条件）。我会为大家介绍Lightroom 中的 3 种设置白平衡的方法，但我一般会使用第 3 种方式，这种方法简单快捷。不同的白平衡设置方法适用于不同的照片，因而还是很有必要了解这 3 种设置方法。

步骤 2

　　可以先从内置白平衡预设开始。如果拍摄的照片格式是 RAW，单击原照设置会出现白平衡预设下拉菜单。可以选择与相机相同的白平衡预设，如**图 5-19**所示。但如果照片格式为 JPEG，则只能选择自动预设（如**图 5-20**所示），因为白平衡设置已经嵌入文件内。要更改 JPEG 格式照片的白平衡，需要使用另外两种方法。注意：如果你的下拉列表与我的不相符，那可能是因为你用的是不同型号的相机——白平衡下拉菜单是根据相机品牌设定的。

步骤3

　　图 5-18 中照片的整体色调确实是偏蓝，所以这张照片肯定需要调整白平衡。我通常会用白平衡弹出菜单里的自动调整功能来做调整。你可以看到，**图** 5-21 中照片周围的色调正好合适，但模特的皮肤偏暖，所以自动预设实际上是有点偏黄。继续尝试接下来的 3 个预设，但需要注意：日光偏黄，阴天和阴影会逐渐变暖。所以，我选择阴天或阴影预设（可以看到模特变为更黄的肤色，不仅是肤色，整张照片的色调也会偏暖）。你可以跳过白炽灯和荧光灯，这两类白平衡会使色调变蓝（事实上，我们意外地将白平衡从一开始就设置为荧光灯）。顺便说一句，最后一个预设（自定）实际上算不上是一个预设——你可以通过调整下拉菜单下面的两个滑块来手动创建白平衡值。

图 5-21

步骤4

　　把所有的白平衡预设都过一遍，找出一个相对合适的预设（若照片的格式是 JPEG，而且不满意该模式效果的话，只能选自动模式），我们可以用第 2 种方法找出最合适的白平衡预设（于我的例子而言，自动预设的效果已经很不错了）：拖动色温滑块和色调滑块进行调整，找到最佳效果的平衡点。很明显，拖动滑块可以帮助我们定位色调的方向。如果照片的色调偏蓝，可以向右拖动滑块，增加照片的暖色调。但**图** 5-22 所示例子里模特的肤色偏黄，所以我需要向左拖动色温滑块。我并没有调得很多，照片就已经很好看了。

图 5-22

图 5-23

图 5-24

步骤 5

我最喜欢第 3 种设置白平衡的方法，它也是我最常用的方法。除了使用预设和拖动滑块调整色调，我还会使用白平衡选择器（就是白平衡区域左上角那个巨大的吸管，你也可以按快捷键 W 调出）。使用起来并不难，只需用吸管单击照片中浅灰色的区域，注意不是白色（那是用于设置相机的白平衡），是灰色！如果照片中没有灰色，可以找一种中性色替代，如棕褐色、象牙色、灰褐色或米色。这个工具的好处是，如果你不喜欢单击的地方连带出的白平衡效果，可以单击其他地方，直到获取比较不错的白平衡效果为止。所以，让我们返回白平衡预设弹出菜单，选择原照设置，照片的色调会变回偏蓝的色调，然后在灰色或者是中性颜色的区域上获取白平衡（在该背景的地板或较浅的区域也会有同样的效果），如**图 5-23** 所示。

步骤 6

如果误点了色调格子该怎么办？别担心，重新单击其他地方获取色调即可。现在你是否能看到吸管周围的网格？我经常把这个网格称作"无用的烦人网格"。从理论上来说，网格能帮助你找到鼠标指针所在位置的中性颜色及其 RGB 值，如果这 3 个数字相匹配，这会组成一种中性色。若要关闭它，只需取消选中工具栏中的显示放大视图复选框（**图 5-24** 中红色方框标注处）。

步骤 7

与其说是操作步骤，不如说是提示，但它相当有效。在使用白平衡选择器工具时，请转到左侧面板区域顶部的导航器面板。把白平衡选择器工具悬停在照片的不同部分时，可以在导航器中实时预览（当其浮动在模特的腿上时，预览图显示的白平衡有些许变暖，如**图 5-25**所示）用该工具单击这个区域时的白平衡效果。这很有用，免得我们在寻找白平衡点时到处单击，为我们节约了大量时间。结束时，单击工具栏的完成按钮，或者单击工具即可回到基本面板。

提示：关闭白平衡选择器工具

在工具栏内有一个自动关闭复选框，如果选中它，意味着用白平衡选择器工具单击一次照片后，它会自动回到其在基本面板中的位置。

图 5-25

步骤 8

图 5-26所示是使用白平衡选择器修改前后的对比图片。

提示：使用色温/色调滑块自定义白平衡

我们学习了如何准确地调整白平衡，因为拍摄主题是人，所以会希望模特能有正常的肤色。但有时我们需要编辑风光照片，有时会需要选择正确的白平衡做创造性的修改，把照片修改得适当大气而非循规蹈矩的准确。这样的情况下，我会选择拖动色温和色调滑块更改照片的白平衡。

图 5-26

使用相机联机拍摄可以将照片直接拍摄到 Lightroom，这是 Lightroom 中我最喜欢的功能之一，而当我学会在图像首次进入 Lightroom 时如何自动应用正确的白平衡这一技巧后，我真是高兴极了。

5.4
联机拍摄时实时
设置白平衡

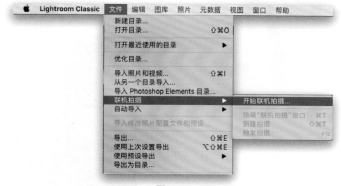

图 5-27

步骤 1

我们先使用USB数据线将相机连接到台式计算机（或笔记本电脑）上，然后转到Lightroom的文件菜单，在联机拍摄下选择开始联机拍摄，如**图 5-27**所示。这将打开联机拍摄设置对话框，在该对话框中可以为图像导入Lightroom时的处理方式选择首选项。

步骤 2

一旦按自己的想法布置好灯光（或者在自然光下拍摄）后，请将拍摄对象摆放到画面的合适位置，然后找到一张18%灰卡。把灰卡拿给拍摄对象，让她们拿着灰卡拍摄一幅测试照片（如果拍摄的是产品，则请将灰卡斜靠在产品上，或者放置在产品附近光线相同的位置）。现在拍摄一幅测试照片，把灰卡放在照片内清晰可见的位置，如**图 5-28**所示。

图 5-28

步骤 3

　　当带灰卡的照片显示在Lightroom中时,从修改照片模块的基本面板顶部选择白平衡选择器工具(按快捷键W),并在照片内的灰卡上单击一次(如**图5-29**所示),这样就正确设置了这幅照片的白平衡。现在,我们可以在导入其余照片时使用该白平衡设置自动校正它们。

图 5-29

步骤 4

　　回到联机拍摄窗口,如果它已关闭,则请按 Command+T(PC:Ctrl+T)组合键,在窗口右侧,从修改照片设置下拉列表中选择与先前相同的选项即可,如**图5-30**所示。现在可以将灰卡从拍摄场景中拿开(或者将它从拍摄对象那儿拿回),并返回拍摄。当我们接下来拍摄的照片进入Lightroom时,刚才为第1幅图像设置的自定白平衡将自动应用到其余图像上。因此,我们现在看到其余照片也已经正确设置了白平衡,在后期制作过程中不必再进行调整。

图 5-30

在白平衡调整案例中，我展示了修改前后的图像，但没有机会演示应该如何操作。我喜欢Lightroom对修改前后照片的处理方式，因为它为我们的查看方式提供了极大的灵活性。下面将介绍其操作方法。

5.5
查看修改前后的图像

图 5-31

图 5-32

图 5-33

步骤 1

在修改照片模块中，想要查看照片调整前的效果时，只要按键盘上\键，就会看到在图像的右上角显示出"修改前"的字样，如**图 5-31**所示。在我的工作流程中最常用到的可能就是修改前视图。如果要返回到修改后的图像，请再次按\键（右上角处不会显示"修改后"，但文字"修改前"消失了）。

步骤 2

如果要并列显示修改前和修改后的视图（如**图 5-32**所示），请按键盘上的字母键Y，而再按Y键即可回到正常视图。还有其他显示修改前和修改后视图的方式，但若要进入其他视图，还需要取消隐藏预览区域下方工具栏（如**图 5-32**所示），按快捷键T可以取消隐藏。

步骤 3

如果你喜欢分屏视图，请单击预览图下方工具栏左侧的切换各种修改前和修改后视图按钮，如**图 5-33**所示。在修改前与修改后右侧的3个按钮不是用来更改视图的，而是用来更改设置的。例如，第1个按钮的用途是把修改前图片的设置复制到修改后，第2个是把修改后图片的设置复制到修改前，第3个则是将两者的设置互换。按D键可返回到放大视图。

5.6
使用参考视图复制特定的外观设定

如果你有一张曾在Lightroom中处理过的图片（也许是去年处理的照片，甚至是5年前的照片），并且你希望将该照片匹配到正在编辑的照片上，由于参考视图可以实现照片并排放置，这样你便可以在编辑当前照片时查看之前的照片（参考照片），达到两张照片的样式相匹配的效果。在网上看到好看的照片时，你也可以下载下来做参考照片，以匹配相同的外观。

步骤1

在**图**5-34里，我选择了把威尼斯大运河的日落图像作为参考照片，我想把参考照片的效果应用到之前在海峡边上拍的教堂照片上。我想让两张照片有相似的后期效果，但因为大运河照片是在Photoshop中编辑的JPEG格式的照片，所以不能直接复制粘贴后期修改设置。但我可以将其作为参考照片，而我调整右边照片，在调整照片时可以看到活动照片上的编辑活动。请在修改照片模块的工具栏中单击参考视图按钮（左侧的第2个按钮，**图**5-34中红色圆圈标注处，或按Shift+R组合键），进入参考视图。视图左侧是参考照片（右上角能看到"参考"），视图右侧是正处于编辑状态的活动照片（左上角能看到"活动"）。

图 5-34

步骤2

现在，可以对正处于编辑状态的活动照片进行编辑。我向右拖动色温和色调滑块，让活动照片的色调变得更暖。我将曝光度滑块拖至-0.75，亮度滑块拖至-100，同时增强对比度。有了参考照片的参照，两张照片的编辑效果不相上下，如**图**5-35所示。注意：在这种情况下，我在编辑自己的照片的同时，还使用了此参考视图功能来确定应用于从网上所下载照片的效果。

图 5-35

自动调色功能终于被 Adobe 改进得非常棒了。我曾经开玩笑地说旧的自动调色功能就是"过曝"按钮，毫无用武之地。但现在 Adobe 改进了自动调色的功能（背后的工作原理是利用了 Adobe 的人工智能和机器学习平台），这种改进实际上是进步的开始。

5.7
自动调色功能

图 5-36

图 5-37

步骤 1

　　自动调色是一键修复（至少是一个不错的后期工作的起点），照片在开始时看起来越差，修复工作做得就越好。它利用新的人工智能和机器学习平台，称为"Adobe Sensei"（一个可以应用于 Adobe 旗下各款软件的底层人工智能工具）。**图 5-36** 是一张曝光不足且暗淡的原始 RAW 格式图像。单击自动按钮（如**图 5-36** 中红色圆圈所示），Lightroom 会快速分析图像并对照片进行编辑校正。它只移动能让照片效果更好的滑块，如显而易见的曝光度、对比度、阴影和色调。另外，鲜艳度和饱和度也会稍事调整，但暂时还不会自行调整清晰度。

步骤 2

　　只需单击一下，就可以知道照片的效果变得多好，如**图 5-37** 所示。比较一下现在的滑块设置与前一个图像步骤中滑块设置的区别，我发现用了自动调色之后照片瞬间亮了起来，这是因为自动调色会提亮阴影并弱化对比。因此，需要稍微降低阴影，然后稍微增加对比度，然后再看看它的效果（但只有在自动调色结果看起来很亮时才需要这么做）。顺便说一句，如果你不喜欢自动调色的效果也无妨，只需按 Command+Z（PC：Ctrl+Z）组合键即可撤销自动调色。

5.8
设置白点和黑点
扩展色调区间

还没有 Lightroom 的时候，我们只能用 Photoshop 来调色。我们首先从调整色阶开始，在不剪切高光的情况下尽可能提高白色色阶，在不剪切最暗阴影的情况下尽可能提升黑色色阶。我们将其称之为"设置白点和黑点"，这样做实际上扩大了照片的色调范围。现在，我们不仅可以在 Lightroom 中手动调整色调，还可以让 Lightroom 自动完成。

步骤 1

图 5-38 看起来较为暗淡，这时最好通过设置白色色阶和黑色色阶值来扩展色调范围。原始照片的效果越差，这种技术调整的效果越显著，有两种方法可以做到这一点。Lightroom 可以通过扩大图像中白点的数量来实现这一点，因为白点可以在不损坏高光的情况下增加亮度并增加黑点的数量，因此暗区几乎是纯黑色。一旦停止增加白点数量，照片的细节和纹理还能有所保留，这些效果都能通过 Lightroom 自动实现。或者，可以选择手动实现，但我从不手动操作——我总是让 Lightroom 替我实现。

步骤 2

以下是在照片编辑前，开始启用 Lightroom 自动设置白点和黑点（扩展色调范围）的步骤。只需按住 Shift 键，然后直接双击白色色阶，或拖动基本面板上白色色阶的滑块，白色色阶就设置好了。现在，按住 Shift 键双击黑色色阶（如图 5-39 所示）或拖动黑色色阶滑块，Lightroom 就能设置黑色色阶。就这么简单，这就是我设置黑、白色阶的步骤（但我添加了一个额外的东西，我将会在下一页介绍）。顺便说一句，如果按住 Shift 键双击黑色或白色色阶滑块，它几乎不移动或根本不移动，则意味着原始照片已经有足够大的色调范围。

图 5-38

图 5-39

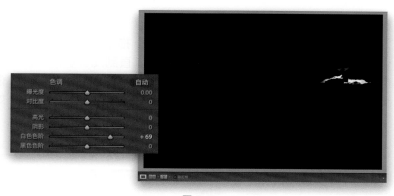

图 5-40

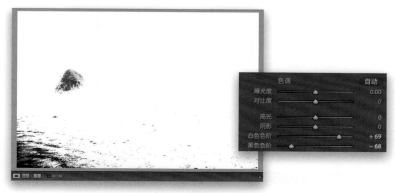

图 5-41

步骤3

　　如果你想手法调整色调，则需要确保不剪切图像中的任何高光部分（如果亮部太亮，照片中的一些细节和纹理就会丢失，如果暗部太暗，照片就会变成纯黑色，看不到任何细节）不过Lightroom会提醒你是否确认这么做。具体操作方法如下：按住Alt键，拖动白色色阶滑块，屏幕会变成黑色（如**图5-40**所示）。向右拖动时，编辑区域的图像就会重新出现。如果在图片中看到红色、蓝色和黄色，不必担心，这表示你只是在对这单独的一项进行调整。然而，如果你看到的是纯白色区域，这表示你在三个选项上都进行了调整，而且调整得太多了。所以，把滑块向左拖动，直到白色区域消失。黑色色阶滑块的操作方法也是这样：按住Alt键，向左拖动滑块，直到看到黑色区域出现，然后再把滑块向右拖回（如**图5-41**所示，我向右拖回滑块，我编辑的地方只是蓝色的部分，我可以一点一点地编辑）。

步骤4

　　这是自动设置白色色阶和黑色色阶来扩展照片色调范围的前后对比图。还有其他步骤要做（下文中会提到与这方面相关的内容），调整照片的整体曝光度。这里显示的照片并不是最终版本，不过，只对两个键进行两次双击，得到的效果还不错。

图 5-42

5.9
用曝光度滑块控制整体亮度

曝光度滑块可以控制照片的整体亮度。拖动曝光度滑块时可以查看直方图（位于右侧面板区域的顶部），直到浅灰色阴影区域覆盖整个直方图中心的1/3（可能会更多）。曝光度控制着中间调，但实际上不止于此，因为它也可以控制较暗的高光和较亮的阴影。如果一直向左拖动曝光度滑块，照片几乎会变成全黑，反之变白。

步骤1

可以从**图5-43**的照片里看到过曝的情况，照片里除了电梯内的灯光和从顶部照射的自然光线外没有其他的光源——这是在西班牙瓦伦西亚的艺术科学城建筑群里的锥形建筑，光线很暗，很有未来感。为了降低照片的整体亮度，可以在基本面板中找到曝光度滑块。如上所述，这是一个功能强大的滑块，涵盖了各种中间调、低亮点和高阴影区域。因此，当需要一些更亮或更暗的效果时，可以通过拖动曝光度滑块实现。

提示：扩大工作区域

我们要用到的所有编辑图像的设置都位于右侧面板中，因此我建议收起左侧面板区域。可以按键盘上的F7键，或者直接单击面板最左侧的灰色小三角形以收起左侧面板，将其从视线中隐藏。

步骤2

若想使照片整体变暗，只需向左拖动曝光度滑块，直到曝光看起来合适即可。此处我将曝光度滑块向左稍微滑动，降低至-1.35，可以减缓照片的过曝问题，如**图5-44**所示。虽然这个曝光度滑块可以使整个照片更亮或更暗，但我认为如果与黑、白色阶一起使用的话效果会更好。

图 5-43

图 5-44

在照片后期处理过程中，我一般会同时使用白色色阶滑块、黑色色阶滑块和曝光度滑块调整照片的整体曝光。在我看来，这能让照片的曝光效果更好。首先需要设置黑、白色阶，扩展照片的色调范围。如果照片过暗或过亮的话，我只需稍微地向左（我觉得照片整体的曝光度有点高时）或向右调整曝光度。

5.10
我的图像编辑三部曲：
白色色阶＋黑色色阶＋
曝光度滑块

图 5-45

步骤 1

我们还用上一节的照片做例子，因为照片有些过曝（过亮），所以我对照片做了同样的修改：向左拖动曝光度滑块，降低曝光度，如**图 5-45**中修改后的照片所示。修改后的照片曝光度正常。

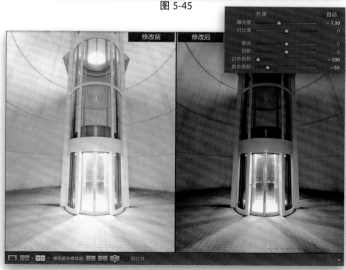

图 5-46

步骤 2

在这里，我使用了我的"图像编辑三部曲"技术，首先按住Shift键双击白色色阶，然后按住Shift键双击黑色色阶。然后，我看了一下图像整体亮度的样子，我觉得它需要整体暗一点，所以我将曝光度滑块拖到左边。在屏幕截图的印刷版本中（如**图 5-46**所示），这种差异看起来会更加微妙，但是当你自己尝试时你会看到很大的不同。

5.11
增强对比度

我每周主持一次摄影脱口秀《The Grid》（该摄影脱口秀已走过了7年历程），我们每个月会邀请观众上传照片，然后进行盲评（为匿名的摄影作品点评，这样我们可以给予诚实的批评，而不会使任何人感到尴尬）。那么，我们看到最常见的后期处理问题是什么？是平淡无奇的照片。这是一种"羞耻"，因为这个问题很容易解决，只需要拖动一个滑块即可。

步骤1

这是一张平淡无奇的照片（如图5-47所示），在实际调整它的对比度（让明亮的区域更亮，阴暗的区域更暗）前，让我们先了解一下对比度的重要性：（1）使颜色更鲜艳；（2）扩展色调范围；（3）让照片更加清晰、锐利。这个滑块集许多功能于一身，可见其强大（我认为它可能是Lightroom中最被低估的滑块）。如果你的Lightroom是早期版本，那么对比度滑块的效果可能没这么好，只能使用色调曲线来创造对比度效果。但是，Adobe在Lightroom 4中便已修复这个功能，现在它已相当优秀。

步骤2

向右拖动对比度滑块，可以看到上述所有的效果都在照片中显现了出来：颜色更鲜艳，色调范围更广，整个画面更加清晰、充满生机，如图5-48所示。这真是巨大的改善，尤其是用RAW模式拍照时会关闭相机的对比度设置（JPEG模式的照片能使用该功能），导致导出相机后的RAW格式照片的对比度更低时。这时，只需调整一个滑块就能把失去的对比度添加回来。顺便说一下，我绝不会把滑块向左拖动以减小照片的对比度，而只会向右拖动来增加照片对比度。

图 5-47

图 5-48

在拍摄时我们会担心重要的高光细节被剪切掉，这就是大多数相机都有内置高光警告功能的原因。如果高光变得太亮，照片的高光部分就会被剪切掉，不会留下任何像素，导致照片没有细节。如果打印图像，过于高亮的区域甚至都没有墨水。如果没有在相机中发现问题，不用担心，我们可以在Lightroom中剪切高光区域。

5.12
解决高光问题

图 5-49

图 5-50

步骤 1

　　图 5-49 是一张摄于英国伦敦泰特美术馆的螺旋楼梯的照片。楼梯本身就相当的亮白，拍摄的时候曝光又过度。这并不一定意味着高亮部分会被裁剪，但Light-room会给予警告。Lightroom会在**直方图面板的右上角**出现三角形的白色高光警示，如**图 5-49** 所示。该三角形通常是黑色的，意味着一切正常，没有剪切。一旦它变为红色、黄色或蓝色，就代表某个特定的色彩通道被剪切。但是，如果你看到它填充了白色，那么它会剪切所有通道中的高光。如果照片某部分是一个应该有细节的区域，则你需要对警示做出处理。

步骤 2

　　现在我们知道这张照片的某些部分有问题，但具体是哪儿呢？若想准确的找到被剪切位置，需要直接单击白色三角形（或按键盘上的字母键 J）。现在高光剪切区域会呈现为红色（如**图 5-50** 所示），楼梯被剪切得很严重，如果不加以修复，这些区域将毫无细节。

步骤3

　　从技术上讲，可以向左拖动曝光度滑块，直到所有红色高光剪切的警告区域消失（如**图**5-51所示），但这会影响照片的整体曝光，使整个照片曝光不足。这好比解决了一个问题之后，又有新的问题产生。而高光不仅可以让照片的整体曝光度维持在原有的水平线上，还可以修复过亮的剪切区域，只会影响高光而不是整体曝光，这就是高光滑块功能强大的原因。

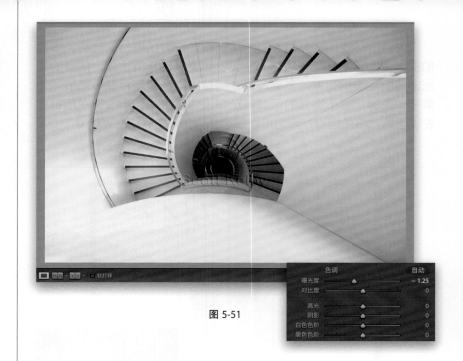

图 5-51

步骤4

　　当你遇到本例中的剪切问题时，只需稍微向左拖动高光滑块，看到屏幕上的红色高光剪切警告消失即可，如**图** 5-52 所示。此时警告仍是开启的，但向左拖动高光滑块修复了剪切问题，还原了丢失的细节，消除了被剪切的区域。

提示：适用于风光照片

　　下次编辑有大片蓝天的风光照片或旅行照片时，记得把高光滑块向左拖动至-100，这可以让天空和云朵的效果更好，还原更多的细节和清晰度。这是相当简单有效的办法。

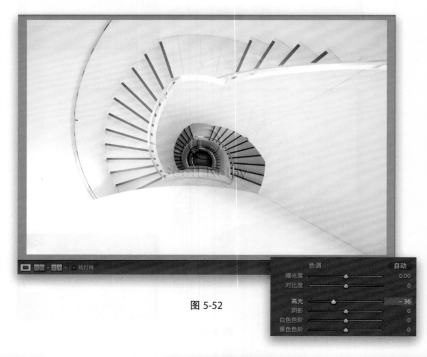

图 5-52

为什么我们会拍这么多的逆光照片？这是因为眼睛很神奇，能自动调整色调范围的巨大差异。尽管拍摄主题处于逆光位置，但眼睛会自动做调整，逆光的物体也可以清楚地看到。但即使是当今最好的相机传感器也无法接近我们的视觉范围，所以我们通过取景器看到的拍摄物体和按下快门拍到的物体是不一样的，因而逆光照片就这么产生了。但幸运的是，我们只需要滑动一个滑块即可解决逆光的问题。

5.13
提亮暗部，修复
逆光照片

图 5-53

步骤 1

通过**图 5-53**的原始照片可以看出，拍摄对象处于逆光状态。我们的眼睛拥有比较广阔的色调范围，能够调整这种场景的色彩，但当拍下照片后会发现主体处于逆光的阴影中。即便当今先进的相机依旧无法比拟人眼能识别的超广阔色调范围，因此即使拍出这样的逆光照片也不用沮丧，因为修复起来简单得很。

图 5-54

步骤 2

只需向右拖动阴影滑块，这将只影响到照片的阴影区域。阴影滑块能够极好地亮化阴影区域，还原隐匿于阴影之中的细节，如**图 5-54**所示。注意：如果把滑块拖动得太靠右，可能会使照片显得有些平淡，这时只需增加对比度数值（向右拖动滑块），直到恢复照片的对比度为止。这项操作不常使用，但你需要知道的是，增加对比度能够平衡照片。

5.14
调整清晰度使图像
更具"冲击力"

从技术层面解释，清晰度滑块可以调整中间调对比度，但我认为该功能没有什么太大的用处。如果我想凸显照片的细节和纹理，我会向右拖动清晰度滑块增强细节，如同为照片增加锐度。如果想强调照片的细节和质感，可以"过度"使用清晰度，但如果看到照片的物体周围有晕圈或者云有阴影，这表示清晰度用得太过了。

步骤1

清晰度滑块适用于调整哪类照片？它通常适合用于调整木质建筑（从教堂到乡村谷仓）、风景（细节丰富）、都市风光（建筑物需要拍摄得很清晰，玻璃或金属也是），或者拥有复杂细节的物品或人（甚至能把老人皱纹纵横的脸部表现得更好）的照片。**图5-55**为拍摄的原图，我们可以增强许多细节——从长凳上的木纹到整个小教堂的华丽装饰。我不会给不想强调细节或质感的照片增加清晰度，比如母子的肖像照、女人的照片或者是新生儿的照片。

图 5-55

步骤2

若想给**图5-55**增加冲击力和细节纹理，请将清晰度滑块大幅向右拖动到+74，可以明显看到它的效果。请观察建筑物内部结构的细节，如果拖动的幅度太大，有些拍摄对象的边缘会出现黑色光晕。这时，只需稍微往回拖动滑块，直至光晕消失即可，如**图5-56**所示。清晰度滑块有一个副作用，它在增强某个区域细节的同时也会使其变亮或变暗，这时可以用曝光度滑块稍事调整。

图 5-56

色彩丰富、明快的照片肯定引人注目，这也是为什么胶片时代专业风景摄影师痴迷于富士Velvia胶片和其标志性的饱和色彩。虽然Lightroom的饱和度滑块可用于提高照片的色彩饱和度，但问题是它均匀地提升照片内的各种颜色，使平淡的颜色变饱和的同时，本来就饱和的颜色也变得更加饱和，以致矫枉过正。这就是我喜欢Lightroom的鲜艳度滑块的原因（把它叫作"智能饱和度"更贴切），它可以让你在不影响照片整体效果的情况下提升饱和度，非常智能。

5.15
使颜色变得更明快

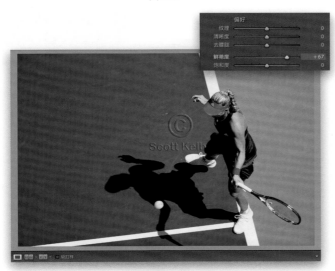

图 5-57

图 5-58

步骤 1

在位于基本面板底部的偏好区域有两个滑块影响色彩饱和度。用饱和度调整色彩的效果很粗糙，用鲜艳度的效果会更好。事实上，我只会用饱和度滑块来去除色彩，而尽量避免使用它增强色彩，以免使所有颜色饱和度增加相同的强度（这是一种很粗糙的调整）。所以，我更倾向使用鲜艳度滑块来调整色彩。它可以提升色彩平淡照片的饱和度，同时也可以避免使饱和度已经足够的区域过于饱和。如果照片中有人物，它也能通过数学算法避免影响肤色，因此人物的皮肤不会过于鲜艳。

步骤 2

这是个完美的例子：仔细观察**图5-57**中的网球运动员，她头戴亮红色的遮阳帽，身穿网球服，但在阳光的直射下，蓝色的球场区域和底线后的绿色后场的颜色有点暗淡。如果将鲜艳度滑块拖动到+67（如**图5-58**所示），可以看到暗淡的蓝色和绿色区域的巨大变化——变得漂亮、明快。而她帽子和衣服的饱和度原本就已足够，所以提升鲜艳度并不会对红色色块有太大的影响。最重要的是，比较两张照片中人的肤色，可以看到鲜艳度并没有太大地影响肤色，这是因为它可以保护肤色，确实体现了"智能饱和"。

5.16
去雾去霾

Lightroom 的去雾功能非常强大，可以有效地去除照片中的"雾霾"，所以拥有很多的粉丝。（注意：向左拖动去朦胧滑块，照片的雾霾效果会加深。）这实际上是另一种形式的对比度，但该功能能够专门去除照片中的雾霾，深得我心。以下是去雾功能的介绍。

步骤1

这是一张在亚利桑那凤凰城拍的照片，如**图5-59**所示。这是在雾蒙蒙的早晨拍的照片，我知道后期可以使用去雾功能修改照片。

图 5-59

步骤2

在基本面板的偏好区域可以看到去朦胧滑块。（过去放在效果面板里，有点让人摸不着头脑。但现在将它放到了基本面板，和清晰度、鲜艳度以及饱和度在同一个位置，这是个不错的改进。）向右拖动去朦胧滑块，可以去除照片里雾蒙蒙的部分，如**图5-60**所示。

图 5-60

图 5-61

步骤 3

　　不知道在上一步你是否注意，当我向右拖动去朦胧滑块时，虽然确实能去雾除霾，但它也使图像变得更暗。这是因为去雾是另一种形式的对比度调整，会使照片较暗的区域变得更暗。在使用去朦胧滑块之后，经常需要调整曝光度和阴影，如**图5-61**所示。另外，如果照片里有极少量的渐晕（角落变暗），去雾会使渐晕愈加明显，所以我们需要解决渐晕的问题。

步骤 4

　　图 5-62 是图片修改前和修改后的对比，可以看到两张照片的巨大差异（我之后增加了曝光度和阴影，使图像不会太暗）。使用较高的去雾设置时会增强照片的蓝色调，如果照片偏蓝，可以稍微向左滑动鲜艳度滑块（到负数）以抵消蓝色调。

图 5-62

步骤5

让我们看在另一张照片中可能会遇到的其他问题及其解决方法。我调整了照片（常规修改：曝光度、对比度、清晰度等），还用使用得较多的去雾功能摆脱了前景和中间区域的大部分阴霾，但桥梁仍然灰蒙蒙的，如图 5-63 所示。如果拖动去朦胧滑块太多，照片的色调会偏蓝，出现暗角，照片的效果会越来越差。这种情况下，去雾功能的调整画笔（快捷键为 K）会有大用处，可以在需要额外去雾的区域单独使用笔刷，从而不使天空或其他区域变蓝。

图 5-63

步骤6

单击右侧面板区域顶部工具栏中的调整画笔，增强特定区域去朦胧的数值。（请记住，使用此画笔绘制完之后可以调整之前选择的数值，所以无须担心选择得不合适。）去雾会使你绘制的区域变暗，因而可以增加曝光度或阴影，如图 5-64 所示。接下来在桥梁和周围的建筑物上绘制，可以发现绘制区域变得干净、明晰，或许你已看不出图 5-65 中左侧照片是右侧照片的原图了（在增加曝光度和对比度等之前，对照片进行去雾处理）。顺便说一句，在第 1 次使用去雾功能之后，我稍微降低了鲜艳度，避免照片偏蓝，我还向右拖动了色温滑块以抵消蓝色色调。

图 5-64

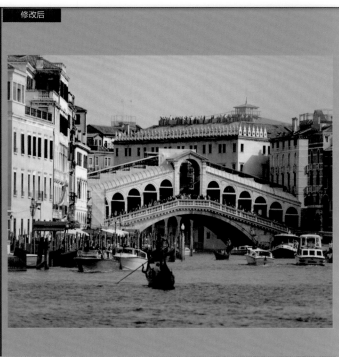

图 5-65

5.17
自动统一曝光度

如果你的一些照片曝光或整体色调有问题，Lightroom通常能自动修复它。当你拍摄风景，曝光随着光线变化而变化时；或是拍摄人像，曝光随着拍摄而改变时；又或者是拍摄一系列需要统一的色调和曝光的照片时，这个功能都可以发挥良好的作用。

步骤1

查看**图5-66**所示的一组用自然光拍摄的照片。第1张照片太亮，第2张太暗，第3张比较正常，而第4、5张看起来曝光不足，等等。这些照片的曝光乱七八糟，1张太亮，3张太暗，只有1张还算正常。单击你认为整体曝光优秀的照片（使其成为"首选照片"），然后按住Command（PC：Ctrl）键并单击其他照片以选中它们。现在，按键盘上的字母键D返回修改照片模块。

图 5-66

步骤2

转到设置菜单，选择统一为选定照片曝光度，如**图5-67**所示。然后按字母键G回到网格视图，把现在的图像与**图5-66**中的照片进行对比，你会发现它们曝光一致。这个功能在大多数情况下效果都很好，而且操作相当简单。

图 5-67

既然已经学完了所有的基础操作，我想分享我自己使用基本面板滑块的顺序（我每次都按照相同的顺序做同样的事）。虽然可能还会用到局部调整和特效以及许多其他有趣的东西，但这是我编辑照片时做的基本操作，有时这些基本操作就能满足编辑照片的需求（取决于照片），而应用于照片的其他所有后期操作（特效或外观）都会在基本操作之后。我希望我的操作顺序可以帮到你。

5.18
整合以上所有基础操作

图 5-68所示是我自己的编辑面板。

1. 选择 RAW 配置文件
　　Adobe 颜色相当不错，但我通常会选择Adobe 风景或 Adobe 鲜艳作为起点。

2. 白平衡设置
　　如果照片的整体色调不对，大多数时候我会使用白平衡选择器调整白平衡。

3. 自动设置黑白点
　　依次双击白色色阶、黑色色阶来设置黑、白色阶，扩展照片的整体色调。

4. 调整整体曝光度
　　黑白点设置好之后，如果还觉得照片偏暗或偏亮的话，可以拖动曝光度滑块调整曝光。

5. 调整对比度和清晰度
　　我每次都会增加对比度，但只有需要增强照片的细节和质感时，我才会调整清晰度。

6. 解决高光剪切和阴影失细节的问题
　　这时我该修复高光剪切或提亮阴影（向右拖动阴影滑块），显示隐藏的细节。如果照片出现雾霾或雾气的问题，我会使用去朦胧滑块。

7. 增强色彩
　　调整黑色色阶、白色色阶和对比度之后，色彩通常会很明亮，但如果需要更为饱和的色彩，我会增加鲜艳度。

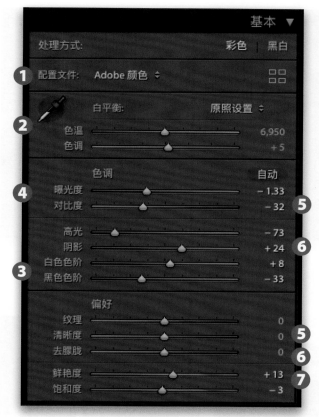

图 5-68

5.19
使用图库模块的快速修改照片面板

图库模块内有一个与修改照片模块的基本面板功能相似的面板，它就是快速修改照片面板。之所以在这里介绍该面板，是为了让你能够在图库模块内快速完成一些简单的编辑，而不必跳转到修改照片模块。但快速修改照片面板在使用上还存在一些问题，因为其中没有任何滑块，只有一些按钮，这使它难以设置到合适的量，不过对于快速编辑而言，这已经足够了。

步骤1

快速修改照片面板（如图5-69所示）位于图库模块内右侧面板区域顶部的直方图面板下方。虽然它没有白平衡选择器，但除此之外，它具有的控件与修改照片模块的基本面板基本相同（包括高光、阴影、清晰度等控件，如果没能看到所有控件，请单击自动按钮右侧的倒三角形）。此外，如果长按Option（PC：Alt）键，清晰度和鲜艳度控件会变为锐化和饱和度控件，如图5-70所示。如果单击单个箭头按钮，它会把该控件稍移动一点，如果单击双箭头按钮，则移动得多一点。例如，单击曝光度右侧的单个箭头，将增加1/3挡曝光，单击双箭头则将增加1挡曝光。

步骤2

我使用快速修改照片面板的一种情况是，在照片没有进行修改之前快速判断照片（或一组照片）是否需要深入修改、编辑。例如，对我来说这些日出照片有些偏黄，所以增加了蓝色色调快速判断照片是否能正常，如图5-71所示，选中照片，转到色温控件，单击左侧单个箭头向左移动。为了大量增加照片的蓝色调，可单击双左箭头大幅度拖动滑块。

图 5-69　　　　　　　图 5-70

图 5-71

图 5-72

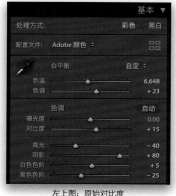

左上图：原始对比度

图 5-73

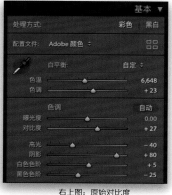

右上图：原始对比度

图 5-74

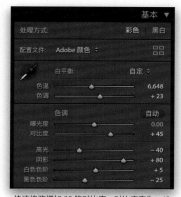

快速修改增加 30 的对比度，对比度变为 +45

图 5-75

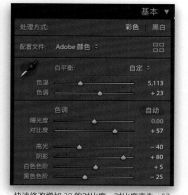

快速修改增加 30 的对比度，对比度变为 +57

图 5-76

步骤 3

　　我使用快速修改照片面板的另一种情况是拿当前修改的照片和其他类似照片做比较。例如，我只选择**图 5-72** 左上角的照片，然后单击色温旁边的双右箭头，为照片增加黄色调，这与之前蓝色调的照片形成了鲜明对比。通过照片的比较，可以找出形成差异的原因。

提示：在快速修改照片面板中进行更精确的调整

　　现在，可以通过单击右侧的单个箭头可以进行小幅调整。如果按住 Shift 键并单击右侧的单个箭头，将增加 1/6 挡而不是 1/3 挡（因此不是移动了 +33，按住 Shift 键并单击右侧的单个箭头将只移动 +17）。

步骤 4

　　使用快速修改照片面板的另一种情况是将其用于相对变化。假设我在修改照片模块中调整了一些照片，这些照片的效果不错，但如果使用更强对比的话效果会更好。我已经把第 1 张照片的对比度调整到 +15，第 2 张 +27，第 3 张 +45，第 4 张 +57。如果我将第 1 张更改为 +30，然后使用同步或自动同步，4 张照片的对比度都会调整至 +30，但这不是我想达到的效果。我想以每张照片的初始对比度作为起点，往上 +30（按这个逻辑，第 1 张照片的对比度应该是 +45，第 2 张 +57，依此类推）。我希望相对变化地添加到当前的对比度设置，而不是绝对地改成相同的量。快速修改照片面板可以实现这一功能。选中前两张照片并单击对比度双右箭头，将其 +20，然后点击单右箭头两次，两次共 +10，总共 +30。这并没有将两张图像都改为 +30，而是增加了 30 的对比度，如**图 5-73** 至**图 5-76** 所示。

摄影师：斯科特·凯尔比 ｜ 曝光时间：1/125s ｜ 焦距：90mm ｜ 光圈：f/8

CHAPTER 6

第6章
调整画笔和工具箱中其他工具

- 减淡、加深和调整照片的各个区域
- 关于Lightroom调整画笔需要了解的其他5点内容
- 选择性校正白平衡、深阴影和杂色问题
- 修饰肖像
- 用渐变滤镜校正天空
- 使用明亮度及色彩蒙版让棘手的调整更加轻松
- 使用径向滤镜自定义暗角和聚光灯特效

6.1
减淡、加深和
调整照片的各个区域

到目前为止，我们所做的操作都会影响整张照片——如果拖动曝光度滑块，会改变照片的整体亮度（这是"全局调整"）。那如果想要调整某个特定区域（"局部调整"）该怎么办？可以使用调整画笔。它可以让我们仅在希望调整的区域上进行修改，因此可以执行诸如减淡和加深（使照片的不同区域变亮或变暗）之类的处理，但调整画笔的功能远不止这些。

步骤1

　　图6-1是一张在摩洛哥马拉喀什拍摄的原始图像，顶部中心和灯光太亮，侧面房间和中央喷泉太暗。这时候可以使用调整画笔，用光绘画，效果非常棒。我通常在调整照片的整体曝光度之后，再在过亮或过暗的区域使用画笔。为了帮助大家了解其工作原理我将其归纳为3个过程：（1）将滑块拖动到随机量（更亮或更暗）；（2）在要调整的区域上绘画；（3）为滑块输入正确的调整量。

图 6-1

步骤2

　　单击调整画笔（位于基本面板上的工具栏或按快捷键K），会弹出调整画笔的滑块（和基本面板的滑块内容相同，排列顺序也相同）。首先，双击效果（**图6-2**中红色方框标注处）直接将所有滑块归零，提亮图像左侧。我的目标是平衡图像的光线，所以可以稍微向右拖动曝光度滑块（现在数量的准确性无关紧要，因为用画笔调整后可以选择正确的数量），然后在该房间和拱门中的瓷砖上涂抹，但注意不是拱门的顶部。完成后继续拖动曝光度滑块，将曝光调整至合适的效果（此处我将其调整至1.49），比较**图6-2**左边区域和**图6-1**中的原始区域。

图 6-2

图 6-3

图 6-4

步骤 3

现在让我们提亮左侧瓷砖上方的拱门。我想平衡照片内的光线，让其更像是图像右侧的拱门——这就是我提及的平衡。我将照片放大，所以可以清楚地看到正在调整的区域。如果我用画笔绘画（曝光度设置为 1.49，会使曝光度过高。要在新的区域绘画，并使用较低曝光度，需要调整 Lightroom 的笔刷，所以，单击面板顶部的新建（**图 6-3** 中红色方框标注处）。现在，降低曝光量（我将其降低到 0.72），再在拱门顶部涂抹，然后调整曝光度，此操作不会影响刚刚绘制的区域。如果仔细看的话，现在拱门上有一个黑点，这是编辑标记，代表这是我们刚刚绘制的区域。第 1 次使用画笔工具时会留下一个白色的编辑标记，所以图像上会有两个编辑标记。如果想回去调整刚才所做的编辑，可以单击那个白色的编辑标记（即可变成一个黑点，让我们知道这一标记现在处于活动状态），编辑标记还能记录原始的曝光设置。

提示：改变画笔大小

要改变画笔大小，可以按左括号键使画笔变小，按右括号键使画笔变大。

步骤 4

如果想查看某个编辑标记影响的区域，只需将鼠标指针悬停在标记上，则受影响的区域会呈红色。如**图 6-4** 所示，我将鼠标指针悬停在了标记上，房间左侧区域呈红色。

提示：保留显示红色区域

如果希望保留此红色区域（蒙版叠加），可以选中显示选定蒙版叠加复选框或按字母键 O，复选框位于预览区域下方的工具栏上。

步骤 5

知道我是如何在不超出界线的情况下提亮拱门并将亮光洒到墙上的吗？那是因为我利用了自动蒙版工具，如图 6-5 中红色方框所示。打开自动蒙版时（靠近面板底部），它会感知事物边缘，可以防止画笔意外地涂抹到其他区域。其工作原理是：画笔中心的＋（**图 6-5** 中圆圈标注处）决定了画画时会受到的影响。即使刷子的外侧边缘偏离该区域（就像我在这里所做的那样），但只要中心的＋不偏离边缘，保持在拱门内就不会不小心画到墙上。

提示：让画笔更敏捷

保持自动蒙版处于打开状态会使画笔的速度变缓，因为在涂抹时打开自动蒙版，系统会进行大量的数据处理和运算。所以，我只会在涂抹边缘区域时才会打开自动蒙版（按快捷键 A 可以打开或关闭自动蒙版）。

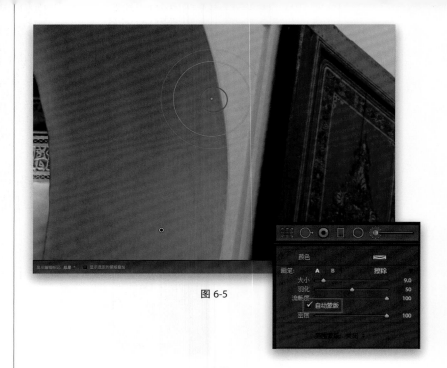

图 6-5

步骤 6

现在，调暗中央天花板区域的窗户。单击新建（因为要在新区域上工作）按钮，双击效果按钮，所有滑块将会被归零，向左拖动曝光度滑块，降低照片的亮度，并在中心天花板区域涂画。完成涂画之后，调整曝光度数值（我将其调整至 -0.57）。现在，解锁画笔的更多功能——同时使用多个滑块。窗户区域的高光需要降低，对比度需要增强，所以我们需要向左拖动高光滑块，向右拖动对比度滑块，向左拖动黑色色阶、白色色阶（如图 6-6 所示），并在中心天花板区域涂画。现在天花板有很大的改善。

图 6-6

图 6-7

图 6-8

步骤7

我们已经调整好了曝光度和对比度，现在需要用饱和度画笔调整色彩。我们可以用白平衡画笔涂抹需要调整的区域——周围的房间，图片中部的走廊（别忘了打开自动蒙版，可以防止溢出不需要调整的区域）以及顶部的天花板，都需要增加色温。我们可以单击新建按钮，双击效果按钮将所有滑块归零，向右拖动色温滑块。现在，可以开始绘制了。**图6-7**所示中，我涂抹了走廊区域，快接触到温泉区域时我将自动蒙版打开了。再次单击新建按钮，增强对比度、清晰度和曝光度之后涂抹门框，为其找回细节和质感。

步骤8

位于照片中部的温泉仍比较暗，所以我们需要提亮温泉区域。现在，我们应该对调整的过程轻车熟路了：点击新建按钮，双击效果按钮，增加曝光度，绘制然后调整滑块至合适的数量。在涂画的时候，我一般都会将自动蒙版打开，但也并不是每一次都打开自动蒙版，这取决于边缘区域的色调和清晰度。我可能会使画笔效果溢出特定的区域，所以长按Option（PC：Alt）键，暂时切换至擦除画笔（如**图6-8**中红色方框所示），对溢出的区域进行涂抹（当我们切换至擦除画笔时，画笔中部的加号会变为减号）。

提示：如何删除编辑标记

如果我们要删除特定区域的标记，只需单击该标记，并按Delete（PC：Back-space）键即可。

步骤9

地板区域还是有点暗，我们可以增加该区域的亮度。现在，单击门上的编辑标记（如果不确定是哪个编辑标记，只需将鼠标指针悬停在标记上，呈红色的即是编辑区域。找到门上的编辑区域时，单击该标记即可），然后会自动带出面板上的设置参数。让我们使用相同的设置参数对该区域进行涂抹，还原细节，如图6-9所示。

提示：如何得知自己遗漏了哪个点呢

单击编辑标记，然后按快捷键O打开该区域上的红色蒙版。如果漏掉了某个区域，该区域是不会呈现红色的，对其进行绘制之后才会变红。如果所有区域都呈红色，则意味着没有漏掉任何区域。

图 6-9

步骤10

这一步不是必需的，但因为一些摄影师喜欢使用"区域光点"（这不是一个正式名称，只是我个人习惯于这样称呼），所以我认为这一步也很重要。我们可以在高光区域"点"上一个光点，或是在那些连高光区域都不存在的地方，就像是一个小光点不小心掉到了你的图片上（也许是从窗外飞进来的？）。点击新建按钮并重置滑块，接着将曝光度调到1.00，调大画笔尺寸，注意确保此时自动蒙版功能是关闭的，在高光区域单击一次画笔（或任何你希望变亮的区域，我把鼠标指针停留在标记上，你可以看到我用那个单击过的所有位置，如图6-10所示）。这当然是一种很特殊的效果，但如果做得正确，效果会很不错。

图 6-10

图 6-11

步骤 11

你可以从**图 6-11**中看到没有覆上红色蒙版的"区域光点"（**图 6-9**和**图 6-11**中照片的对比如**图 6-12**所示）。在结束编辑前，有两件事情要做。（1）在底部的画笔调整面板调试顺手的画笔设置，包括擦除画笔。你可以选择使用滑块设置画笔的大小、羽化值（边缘的柔和度，我一般设置为 50）、流量（100% 流量的不透明画笔或是让笔迹随着画笔点击时间越长而变得越深，一般我都是设为 100）。（2）一般来说，有两种画笔供你使用——常规画笔和备用画笔，你可以分别对它们进行设置。我一般把自己常用画笔的羽化值调得比较高，而备用画笔则如**图 6-11**所示，羽化值为 0。因此，当我需要勾勒出一堵墙，或是某些不适合羽化值较高的区域时，我会按\键切换到我的备用画笔。

提示：移动编辑标记

若要移动编辑标记，只需单击并拖动该标记即可。

图 6-12

关于Lightroom
调整画笔需要
了解的其他5点内容

关于调整画笔，我们还需要了解一些其他的内容，一旦掌握了这些内容，将有助于我们更得心应手地使用它，减少使用Photoshop调整照片的概率，因为在Lightroom中就已经能够完成很多的调整。

第1点

从预览区域下方工具栏中的显示编辑标记下拉列表中可以选择Lightroom显示编辑标记的方式，如**图6-13**所示。自动指将鼠标指针移到图像区域外时隐藏编辑标记；总是指它们始终可见；从不意味着无法看到它们；选定指只能看到当前激活的编辑标记。

第2点

要查看使用调整画笔编辑前的图像效果，请单击该面板底部左边的禁用/启用画笔调整开关（如**图6-14**中红色方框所示）。

第3点

按字母键O将在屏幕上显示红色蒙版叠加，这样更方便查看和校正遗漏的区域。

第4点

单击效果下拉列表右端的倒三角形将隐藏效果滑块，取而代之的是只显示数量滑块（如**图6-14**所示），它总体控制当前活动编辑标记所做的全部修改。

第5点

自动蒙版复选框下方的密度滑块能模拟Photoshop喷枪的工作方式，但说实话，由于在蒙版上的绘图效果很微弱，因此我从未改变过它的默认设置值（100）。

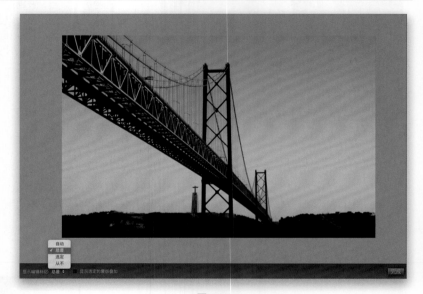

图 6-13

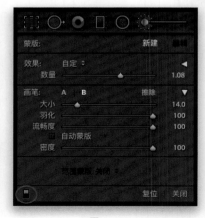

图 6-14

当校正出现在照片特定区域上的问题时，调整画笔工具就会派上大用场，因为你可以通过在这些区域上进行绘制来减少问题。就如遇到白平衡问题，当你的照片一部分在阳光下而另一部分在阴影中时，或者在保持照片其他部分不变只去除阴影部分的噪点（保存模糊区域来降噪）时，调整画笔工具就特别好用。

6.3
选择性校正白平衡、深阴影和杂色问题

图 6-15

图 6-16

步骤 1

让我们从调整白平衡开始本节的内容。看看图 6-15 的例图，拍摄主题光线充足，但是背景处于阴影中。由于拍摄时使用的是自动白平衡，背景的颜色显得太蓝了。这是照片局部处于阴影时的典型问题。拍摄运动照片时常遇到这种情况，如赛场的一半笼罩在傍晚的光线下，一半处于日光中。这时把白平衡应用到特定区域的功能就派上用场了，按下字母键 K 转到调整画笔工具。

步骤 2

直接双击效果将所有滑块复位归零，然后把色温滑块往右拖动一点儿，描绘背景阴影部分，这样黄色的白平衡就会中和背景的蓝色，如图 6-16 所示。一开始你需要估计一下色温值，我起初设置的数值（+31）不够调整色温，增加到 +73 后效果更好一些。用白平衡描绘画面得到的效果很不错，下面就以同样的方式去除杂色。

步骤3

　　这是从窗口拍摄的严重逆光的照片。在图6-17左边修改前照片中，窗户周围的物体都毫无细节，完全呈剪影状。不过在把阴影滑块和曝光度滑块充分移动至曝光正确的方向后（我还大幅调整了高光滑块，让窗外不至于太亮），便可以看到大量的杂色。杂色通常隐藏在阴影当中，有时当你彻底亮化阴影区域（如我们所做的这样）后，画面中的任何杂色都会表现得相当明显。因此，塑像、窗户和房间等部分都不错，但左边的墙壁却充斥着红色、绿色、蓝色噪点，亟待解决。

图 6-17

步骤4

　　那为何不使用 Lightroom 中常规的降噪控件呢？这是因为它的调整效果会均衡地应用于整张照片中，在去除杂色的同时相应地柔化整个画面。此处，我通过使用调整画笔工具，只减少左侧墙壁上的杂色，保留其他部分（更明亮的区域杂色不明显）的清晰度和原貌，即得到只有左侧墙面变得柔和，其他区域不受影响的画面。单击调整画笔工具，然后双击效果将所有滑块复位归零，把杂色滑块拖动到接近最右端的位置，即找到既不杂乱又不模糊的最有效点。然后，用画笔描绘左侧墙壁去除杂色。此外，别忘了其他滑块依然还在工作，降噪功能可以稍微调暗一下阴影区域，同样有助于隐藏杂色。这里，我只把锐化程度滑块增加至26，如图6-18所示。

图 6-18

当需要进行细致修饰时，我通常会使用 Adobe Photoshop。但是如果只需要快速修饰，你会惊奇地发现，在 Lightroom 中你可以使用调整画笔和污点去除工具，连同全新的修复功能来完成如此多的工作。本节将介绍如何使用这两种工具对人像照片进行快速修饰。

6.4
修饰肖像

图 6-19

图 6-20

步骤 1

首先，我们要对**图 6-19** 中这张照片所做的调整是：（1）去除所有主要污点和皱纹；（2）柔化模特皮肤；（3）加亮模特的眼白；（4）提高眼睛对比度并锐化；（5）为她的头发加一些高光。顺便说一下，我认为原始照片中她的皮肤颜色太暖了，因此要把鲜艳度降低到 −15。

步骤 2

我把视图放大到 1∶2（在导航器面板顶部右侧选择缩放尺寸），这样可以真正看到处理过程。单击污点去除工具（在右侧直方图面板下面的工具箱内，也可以直接按字母键 Q），如**图 6-20** 中红色方框所示。你肯定不希望修饰无关的地方，因此使用该工具前请先调整污点去除工具的大小，使其只比想要去除的污点稍稍大一点儿。将污点去除工具移动到污点上并单击，就会出现第 2 个圆圈，第 2 个圆圈所在位置会作为清洁的皮肤质感的样本。当然，它并不总是 100% 准确，如果出于某种原因，它选择了一块较差的皮肤区域作为样本，则只需要拖动第 2 个圆圈到清洁的区域，污点去除就会自动更新。现在，请利用这个工具去除所有污点，如**图 6-20** 所示。

步骤3

现在，让我们去除她眼睛下方的细纹。放大照片（这是1:1视图），然后选取刚才用过的污点去除工具（确保将其设置为修复），在模特右眼下方的皱纹上画一条线，如图6-21所示。绘图的区域将变成白色，这样就能清楚地看到将要修复的区域。

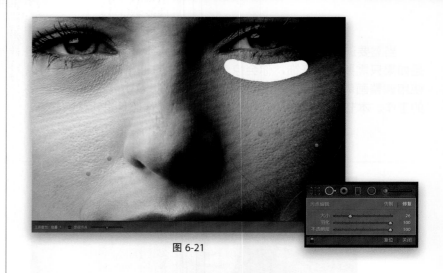

图 6-21

步骤4

Lightroom会分析该区域，并在其他地方选取一个清洁的样本，用以修复皱纹。它通常会选取附近的某处，但是在本例中选取的是鼻子下方的一块区域用于进行彻底的修复。幸运的是，如果你不喜欢Lightroom的取样，则可以将选取的样本拖动到你认为质感和色调更匹配的区域。本例中，我将其移动到皱纹所在原区域的正下方，如图6-22中的放大图所示。并且，不要忘记去除另一只眼睛下面的皱纹（很容易忘记）。注意：如果拍摄对象上了年纪，去除所有皱纹变得不现实时，我们将采取减少皱纹的方法来代替，通过降低不透明度以减弱污点去除的力度补回部分原始皱纹。

图 6-22

图 6-23

图 6-24

步骤 5

　　当污点和皱纹都去除后，让我们进行皮肤的柔化。转到调整画笔工具（同样在右侧直方图面板下方的工具箱内，也可以直接按字母键 K），然后从效果下拉列表中选择柔化皮肤。现在在模特脸上绘图，小心避开不希望柔化的区域，如睫毛、眉毛、嘴唇、鼻孔、头发和面部边缘等。此操作通过将清晰度设为 −100 来实现皮肤柔化。在本例中，我只绘制了左脸，以让你看到皮肤柔化前后的区别。在完成柔化后，还需要调整清晰度数值以显示皮肤的细节（我把它提高至 −55，如**图** 6-23 所示）。

步骤 6

　　现在让我们来处理模特的眼睛，首先要使眼白更亮，单击面板右上侧的新建按钮，然后双击效果二字，将所有滑块复位为零。现在，将曝光度滑块向右拖动到 +0.50，然后在模特的眼白上绘图。如果不小心绘图到眼白之外，只需要按住 Option（PC：Alt）键转到擦除工具，将所有溢出擦除即可。在另一只眼睛上进行相同的操作，完成后根据需要调整曝光度，使变白的效果更加自然。接下来，加亮模特的虹膜。单击新建按钮，把曝光度增加到 1.36，对两个虹膜进行涂抹，然后把对比度滑块拖曳至 33。最后，为确保眼睛明亮有神，需要把锐化程度滑块拖曳至 22，让虹膜更亮，有更多对比和锐度，如**图** 6-24 所示。

步骤 7

　　再次单击新建按钮，并擦亮模特头发的高光区域。首先将所有滑块复位归零，然后将曝光度滑块向右拖动一点点（我将其拖曳到 0.35），然后涂抹高光区域来增加模特头发的亮度。有时我们还会需要对模特进行瘦身操作，进入变换面板（位于右侧面板），然后向右拖动变换区域的长宽比滑块，如**图 6-25** 所示。这样做会压缩照片（使照片变窄），给人带来即刻瘦身的效果，向右移动幅度越大，拍摄主体显得越瘦（本例中，我设置为 +25）。修改前和修改后的对比如**图 6-26** 所示。

图 6-25

提示：避免看到太多编辑标记

　　若想只看到当前选中的编辑标记，请在预览区域下方工具栏的显示编辑标记下拉列表中选择"选定"。

修改后的照片中，模特的皮肤更加清爽、润滑（而且有点不饱和），眼睛更加明亮，对比更强烈，锐度更高，我们还增加了她头发的亮度，并稍微给她瘦了一下脸

图 6-26

渐变滤镜（实际上是种工具）能够重现传统的中灰渐变滤镜（就是上部为部暗，向下逐渐变为完全透明的玻璃或塑料滤镜）效果。这种效果在风光摄影师中很流行，因为我们只能要么使前景获得准确的曝光，要么使天空获得准确的曝光，无法同时兼顾二者。然而，Lightroom的这一功能却可以使我们获得比仅用中灰渐变滤镜更好的效果。

6.5
用渐变滤镜校正天空

图 6-27

步骤 1

首先单击位于右侧面板区域顶部工具箱内的渐变滤镜工具（调整画笔左边第 2 个图标，或者按快捷键 M），在其上单击时将显示出一组与调整画笔选项类似的选项，如**图 6-27**所示。我们在这里将复制传统中灰渐变滤镜效果，使天空变暗。先选择曝光度，然后将亮度滑块向左拖动到 -1.65，如**图 6-27**所示。就像调整画笔工具一样，这里我们也要先估计渐变所需的变暗程度，之后再进行调整。

图 6-28

步骤 2

长按 Shift 键并保持，在图像顶部中央单击并直接往下拖动，直到接近照片的中央位置为止（即地平线），如**图 6-28**所示。你可以看到天空变暗了，照片看起来平衡多了。如果正确曝光的前景开始变暗，则需要在到达地平线之前停止拖动。在这种情况下，只是降低曝光对天空没有太大用处，这是 Lightroom 的功能优于真实滤镜的一个方面——可以做的不仅仅是降低曝光。

步骤3

　　由于降低曝光并没有使天空的效果很棒（不过，曝光度已经足够），接下来我需要稍微向左拖动色温滑块，为照片增添蓝色调，如**图6-29**所示。你还可以增强对比度，通过增加白色显亮云。这是永远无法用真实滤镜实现的效果。另外，可以看到我将梯度向下拉到使远山开始变暗的位置（编辑标记会显示梯度中心的位置，你可以向上/向下拖动以重新定位）。渐变滤镜有以下快捷方式：（1）要删除渐变，请单击编辑标记，然后按Delete（PC：Backspace）键；（2）如果在拖出渐变时没有按住Shift键，则可以在拖动时旋转它。修改前和修改后的对比如**图6-30**所示。

图 6-29

图 6-30

图 6-31

图 6-32

步骤 4

　　如果渐变滤镜作用在你不想改变的区域，那么就需要花点时间来解决这个问题了。在**图 6-31** 中，我想暗化天空，增加饱和度，并让天空渐变至透明，但滤镜却同时令里斯本的贝伦塔变暗了，而且色彩也更加饱和，这并非我的初衷。幸运的是，现在可以通过编辑渐变度来去除贝伦塔区域的滤镜效果。在选中渐变滤镜后，在工具栏右下方的蒙版区域单击画笔选项，如**图 6-31** 中红色方框所示。

步骤 5

　　在展开的画笔区域单击擦除后开始绘制灯塔，这样可以去除你所描绘区域的暗度和饱和度，如**图 6-32** 所示。这种方法的描绘规则与常规的调整画笔相同（按字母键 O 可以查看你所绘制的蒙版，也可以改变画笔的羽化值，等等）。此外，你也可以不进行上述的去除渐变梯度的操作，只在用这个画笔添加蒙版时不单击擦除选项即可。如果还想用比画笔更简单的方法来执行此操作，请查看下一个技巧。

6.6
使用明亮度及色彩蒙版让棘手的调整更加轻松

你已经学会了如何给天空添加滤镜，让它变得更暗、更有层次或是更蓝。此外，对于那些不想改变的区域，你还可以使用一种比较麻烦的方法将这些区域隔离开，那就是蒙版功能。当你很小心地绘制蒙版区域时，你可能会想：这可不是个好办法。没错，还有两种更好的方法——使用色彩蒙版或明亮度蒙版功能，我不得不承认，它们真是太棒了！

步骤1

图6-33所示是一张原始图像的天空区域，已经在我们使用了渐变滤镜工具后变得更暗，色彩更丰富了，接着我们让它逐渐变成透明的。

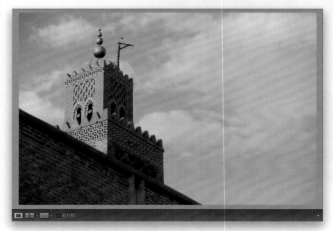

图 6-33

步骤2

这里我使用了渐变滤镜，上下拖动滑块直到它渐渐透明后，呈现出来的就是一个漂亮的色彩丰富的蓝色天空。当然，为了获得这一图像，我将曝光度调低了很多，同时我还将色温滑块向蓝色那边调动了些许，并且调整了白色色阶和黑色色阶，将对比度和饱和度提高了很多，如图6-34所示。现在一个问题出现了：天空部分已经调整得非常完美了，但是塔和云的部分却变得很暗。就像我之前提到的，我们可以使用画笔小心绘制这些区域，但这相当棘手。幸运的是，我们有一些更加方便的功能能替代这项工作，让它变得更加简单、更加快捷。

图 6-34

图 6-35

图 6-36

步骤 3

　　在保持渐变滤镜工具激活的状态下，使用鼠标滚轮将面板页面拉至最底端，你会看到范围蒙版选项为关闭状态。范围蒙版有两种：颜色蒙版（渐变滤镜的应用颜色）和明亮度蒙版（通过拖动滑块移除图像中较暗部分或较浅部分的渐变滤镜的效果）。这里我们要使用的是色彩范围蒙版，单击关闭，在弹出的菜单中选择颜色，如**图 6-35** 所示。

步骤 4

　　选择颜色后，色彩范围选择器工具（即吸管工具）将在下方以数量滑块的形式出现（如上一步骤所示）。接下来的操作真的非常简单：你希望渐变滤镜应用在什么颜色上，就用吸管工具在这个颜色上单击一下。在这个案例中是蓝色，单击天空的蓝色区域，塔的部分就会自动蒙上蒙版，如**图 6-36** 所示。如果单击一次无法达到这种效果（比如说如果你的图片中有许多深浅不一的蓝色区域），你可以按住 Shift 键在图片中不同的区域再次使用吸管工具，将它们保存在渐变滤镜的调整面板中。你最多可以添加 4 种色彩，如**图 6-36** 所示。

提示：单击并拖动色彩

　　你可以选择吸管工具，单击并拖动出一个矩形的区域，这样一来，这块矩形区域内的颜色就会被自动拾取。

步骤5

如果你想查看色彩范围蒙版创建的蒙版区域，长按Option（PC：Alt）键并单击数量滑块（如图6-37中红色方框所示），你会看到预览视图。向左拖动数量滑块会让更多颜色被覆盖上蒙版（如图6-37中黑色区域所示），而向右拖动则相反（长按Alt键并来回拖动滑块你就会明白了）。我在图6-38（a）的图片中使用了蒙版进行简单的渐变操作，白色区域就是你拖动滑块时影响的范围，灰色部分受到的影响没有那么大，而底下那些黑色的区域则是完全蒙版的部分，将不会受到任何影响。也就是说，白色区域会被完全影响，灰色区域部分受影响，而黑色部分不受影响。现在看看图6-38（b）中的图片，完全变黑的区域不会被改变（塔身不会变暗也不会变蓝），白色部分，即蓝色的天空则会被改变，很神奇吧？

图 6-37

（a）应用渐变滤镜时的蒙版看起来有点像之前所说的

（b）使用吸管工具点击蓝色部分，其余不是蓝色的部分就会被加上蒙版，比如塔和云

图 6-38

修改前　修改后

（a）改变渐变滤镜后的效果　（b）使用色彩范围蒙版后的效果

图 6-39

图 6-40

步骤 6

这是我们添加了渐变效果的前后对比图。**图 6-39（a）**中，渐变滤镜滑块被拖动到最底端，而**图 6-39（b）**中我使用了吸管工具选取了天空的蓝色部分，塔身和云则是被覆上蒙版，效果更加真实。

步骤 7

有两点需要注意：（1）范围蒙版并不是只适用于渐变滤镜，它也可以在调整画笔和径向滤镜中使用；（2）我们还没用过亮度范围蒙版，之后会用到。这次我们使用调整画笔对**图 6-40** 中另一张里斯本的图片进行修改。天空的颜色非常黯淡，想在那些棕榈叶之间画出一片更加暗沉的天空实在不是一件容易的事情。选用调整画笔，降低曝光度，将色温滑块拖到蓝色部分（-36），接着涂抹天空，如**图 6-40** 所示。我们可以直接在棕榈叶上涂抹颜色，如果你不小心画到右边的建筑物或地平线上，不要担心，也不需要自动蒙版功能，只要涂满就可以了。

步骤8

　　接着，在调整画笔面板中的范围蒙版菜单中选择明亮度，明亮度蒙版是基于明暗程度进行蒙版的。范围滑块中有两个小块：拖动其中一个到最右边，图片中的暗部（棕榈叶和建筑）就会被蒙版。长按Option（PC：Alt）键并单击范围滑块可以看到蒙版区域，如**图6-41**所示。拖动右边的小块到左边则会将亮部移除出蒙版，不过在这个例子中没有亮部。平滑度滑块控制两个区域间过渡的平滑程度：越是拖动到左边，平滑程度就越低。修改前后照片对比如**图6-42**所示，你可以看到为棕榈叶添加蒙版后的效果，而且天空的颜色看起来很自然。

图 6-41

（a）调整前的天空

（b）使用调整画笔添加明亮度蒙版之后的天空

图 6-42

尽管拍摄主体不在中心位置，但这一功能可以在边缘创建暗角——如果使用特效面板中裁剪后晕角的效果，会同样使照片周围的外边缘变暗，但这不是我使用这个滤镜的目的。我可以用这个滤镜在10秒内创造一个柔和的聚光灯效果。

6.7
使用径向滤镜自定义暗角和聚光灯特效

图 6-43

图 6-44

步骤 1

观众的注意力首先会被图像中最亮的部分吸引，但是不幸的是，在**图6-43**这张照片中光线非常平均，所以我们要使用径向滤镜工具重新给场景布光，使观众的注意力集中到新娘身上。因此，请单击右侧面板区域顶部工具箱中的径向滤镜工具（如**图6-43**中红色方框所示），或者直接按Shift+M组合键。该工具可以创建椭圆或圆形，你来决定图形里面或外面会发生什么。为得到聚光灯特效，需要以下两步：（1）我将曝光度调低至-1.34；（2）确保反向复选框关闭（靠近面板底部），让椭圆形以外的区域变暗。

步骤 2

单击并拖动径向滤镜工具，按照你希望的方向来绘制椭圆区域（本例中，我将其放在新娘身上，如**图6-44**所示）。如果它不在你所希望的地方，只需要在椭圆内单击，然后将其拖动到任意你满意的地方，就像我在图中做的这样。注意：如果需要用径向滤镜工具创建一个圆形，请按住Shift键，再单击需要修改的地方并拖动即可创建圆形。并且，如果按住Command（PC：Ctrl）键并在图像任意位置双击，则会创建一个最大的椭圆（在当希望创建一个对整幅图像产生影响的区域时能用到它）。

步骤3

现在聚光灯特效已就绪，但我们还可以对照片做许多编辑修改。例如，如果你想稍稍拉伸聚光灯区域（聚光灯区域覆盖了整个身体部位），只需单击椭圆周围的4个点中的1个并向外拖动。若要旋转聚光灯（如**图6-45**所示），只需将鼠标指针移到椭圆形框线上，鼠标指针会变成一个双头箭头，然后可以单击并拖动椭圆，调整椭圆的方向。顺便说一下，较亮的区域和较暗的区域之间的过渡非常自然，因为在默认情况下椭圆形的边缘已经被羽化（柔化），以创建较为自然平滑的过渡效果。（羽化值被设为50，如果你想要一个更生硬或者更突然的过渡，只需调整面板底部的羽化滑块来降低其数值，这里我将羽化值加至100。）

提示：移除椭圆

如果想移除创建的椭圆，可以在其上单击，然后按Delete（PC：Backspace）键即可。

步骤4

假设你想在新娘的脸上添加另一个小聚光灯特效。首先，若添加相同设置的聚光灯，请右击椭圆内的任意位置，然后选择复制，如**图6-46**所示。另一个新增的椭圆会放置在当前的椭圆上，所以现在椭圆之外的区域看起来非常暗。你还需要做两件事。（1）新复制的椭圆不需要太大（略大于新娘的脸），然后点击中心的标记，将椭圆向上拖过她的脸。但它的效果仍然不太好，因为现在除了脸部区域之外都非常的暗；（2）转到面板的底部，然后打开反相蒙版复选框（她的脸部变得非常暗淡，如**图6-46**所示），然后向右拖动曝光度滑块提亮阴影（我将曝光度提升至0.42），现在曝光恢复正常。

图 6-45

图 6-46

图 6-47

步骤 5

你可以使用这个技巧添加另一个小聚光灯椭圆。假设我们想要另一个倒置的聚光灯特效（椭圆的中心会受到影响），以便提亮新娘的背部和左边浅浮雕。按住 Command+Option（PC：Ctrl+Alt）组合键，然后单击并拖动她脸上第 2 个小椭圆的中心，会出现第 3 个椭圆（这是第 2 个椭圆的副本），将其拖动到左侧，放置在浮雕上并遮盖浮雕，略微提高曝光量，防止其在亮度上喧宾夺主。我把曝光提高到 0.76，如**图 6-47** 所示。修改前后对比如**图 6-48** 所示。顺便说一下，我在这里使用的所有设置和调整是根据照片具体分析而来，这有关视觉审美判断。但不要担心，既然你已经买了这本书，我对你的判断非常有信心。

提示：内外切换

按 "" 键可以改变反相蒙版状态，将效果在椭圆区域内外切换。

图 6-48

CHAPTER 7

第 7 章
特殊效果

- 应用筛选器——创意配置文件提供更多特效
- 虚拟副本——"无风险"的试验方法
- 调整单一颜色
- 添加暗角效果
- 创建新潮的高对比度效果
- 创建黑白图片
- 获得优质的双色调显示（以及色调分离）
- 制作柔光效果
- 使用一键预设（并创建你自己的预设）
- 光斑效果
- 正片负冲制造时尚效果
- 拼接全景图
- 添加光线效果
- 创建 HDR 图像
- 让街道看起来湿漉漉的

7.1
应用筛选器——创意配置文件提供更多特效

RAW配置文件所在的菜单还有许多创意配置文件，为照片提供更多特效风格效果，这类配置文件不仅可以应用到RAW格式照片上，对于JPEG、TIEF等格式的照片也同样适用。相对于预设设置，这些创意配置文件更具优势，因为预设只是将修改照片模块的滑块迁移到预设所在的位置（就好比有第3只手为你编辑照片）。相反，配置文件不会改动滑块，是独立的修改设置，更像是特效滤镜，所以应用配置文件后还可以用滑块编辑照片。

步骤1

图7-1中照片是原始照片。（请记住，应用创意配置文件无须使用RAW格式照片，可以应用JPEG、TIFF和PSD等格式。）在修改照片模块的基本面板顶部，选择配置文件弹出菜单中的浏览（如**图7-1**所示），或单击右侧带有4个小框的图标，转到配置文件浏览器（如**图7-2**所示），有四组创意配置文件（在后台，这些基于颜色查找表，专为技术人员使用）。配置文件有：（1）艺术效果；（2）黑白；（3）现代；（4）老式。

步骤2

关于配置文件浏览器的两个重要事项：（1）缩览图显示应用配置文件的预览图；（2）只需将鼠标指针悬停在缩览图上，预览图会全尺寸显示。所以，可以在应用前仔细挑选判断。若在应用某配置文件后发觉好感全无，只需按快捷键 Command+Z（PC：Ctrl+Z）即可撤销应用。）**图7-2**应用的配置文件是艺术效果08。

图 7-1

图 7-2

图 7-3

　　向下滚动到现代主题的配置文件，然后单击喜欢的配置文件（我选择了现代05，它的去饱和效果不错，如**图 7-3**所示，这是我非常喜欢的配置文件）。你还可以看一看浏览器顶部的黑白缩览图。该缩览图列表可以向上/向下滚动，关闭按钮等控件位于顶部，应用配置文件之后可以单击关闭按钮退出。顺便说一句，将鼠标指针移到缩览图上，然后单击右上角的星形图标，可以将其添加至顶部的收藏夹里。

图 7-4

步骤 4

　　我喜欢步骤 3 中应用的配置文件，但饱和度过多。好在配置文件浏览器的顶部有创意配置文件的数量滑块（与预设不同），不仅可以向左滑动滑块，还可以输入合适的量（我将滑块拖到 59，拿这个量与步骤 3 的量做比较，如**图 7-4**所示）。这适用于所有创意配置文件（RAW 配置文件没有数量滑块），不仅可以修改量的大小，如果想要更强烈的效果，还可以向右拖动滑块。

7.2
虚拟副本——
"无风险"的试验方法

我们在给新娘照添加暗角时。我们可能想看其黑白版本，也可能想看其彩色版本，再看其强对比度版本，之后还可能想看其不同的裁剪版本，这时该怎么办？使我们感到棘手的是：每次想尝试不同效果时必须复制高分辨率文件，它会无端占用大量的硬盘空间。幸运的是，我们可以创建虚拟副本，它不会占用硬盘空间，使我们可以轻松尝试不同的调整效果。

步骤1

创建虚拟副本的方法是：右击原始照片，从弹出菜单中选择创建虚拟副本（如**图**7-5所示），或者使用 Command+'（PC：Ctrl+'）组合键。这些虚拟副本看起来与原始照片完全相同，我们可以像编辑原始照片一样编辑它们，但它们并不是真正的文件，只是一套指令，因此不会真正增加文件的大小。这样我们就可以创建多个虚拟副本，尝试想要执行的操作，而又不会占满硬盘空间。

图 7-5

步骤2

创建虚拟副本时，因为无论是在网格视图内还是在胶片显示窗格内，虚拟副本图像缩览图的左下角都会显示一个翻页图标，所以我们知道哪张照片是副本，如**图**7-6中红色圆圈所示。现在请转到修改照片模块，进行你想做的任何调整。在本例中，我增加了虚拟副本的曝光度、对比度、阴影、清晰度和鲜艳度，当回到网格视图时，就会看到原来的照片和编辑后的虚拟副本，如**图**7-6所示。

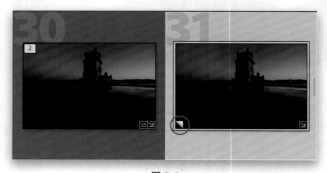

图 7-6

图 7-7

图 7-8

步骤 3

我们可以尝试为原始照片创建多个虚拟副本，这对原始照片和磁盘空间不存在任何影响。请单击第 1 个虚拟副本，之后按 Command+'（PC：Ctrl +'）组合键创建另一个虚拟副本，之后转到修改照片模块，对第 2 个虚拟副本做一些调整。这里我修改了白平衡，大量增加了蓝色和洋红色，此外我还稍微增加了一点曝光度、对比度、阴影、清晰度和鲜艳度，如**图 7-7**所示。现在，再创建更多的虚拟副本。注意：创建虚拟副本后，可以单击右侧面板区域底部的复位按钮，使其恢复到未编辑时的效果。同时请注意，不必每次都跳回到网格视图创建虚拟副本，在修改照片模块内使用快捷键同样有效。

步骤 4

现在，如果想一起比较所有试验版本，请转到网格视图选择原始照片以及所有虚拟副本，之后按键盘上的字母键 N 进入筛选视图，如**图 7-8** 所示。在找到自己真正喜欢的版本后，当然可以只保留它，删除其他虚拟副本。注意：要删除虚拟副本，请单击选中它，再按 Delete（PC：Backspace）键，然后在弹出的对话框中单击移去按钮。如果选择把这个虚拟副本转到 Photoshop 或者把它导出为 JPEG 或 TIFF 格式文件，这时 Lightroom 会使用已经应用到虚拟副本的设置创建一个真正的副本。

7.3
调整单一颜色

当你仅需要对图像中的某一种颜色做调整时，例如想让所有红色变得更红，或者天空中的蓝色变得更蓝，或者希望完全改变某种颜色时，使用HSL面板〔HSL代表Hue（色相）、Saturation（饱和度）和Luminance（明亮度）〕就可以实现这些操作。这个面板极其便捷好用，它有操作目标调整工具，调整起来非常简单。以下是具体的操作步骤。

步骤1

想要调整某个颜色区域时，请在修改照片模块右侧面板区域内向下滚动到HSL/颜色面板（该面板标题内的文字不只是名称，它们还是按钮，如果单击其中的任意一个，就会显示出对应的控件）。单击HSL按钮，接着显示出该面板的4个选项卡：色相、饱和度、明亮度和全部。色相可以让我们通过移动滑块把现有颜色修改为另一种不同的颜色。例如，单击红色滑块，把它拖动到最左端，并把橙色滑块拖曳至−71，将会看到红色的屋顶变成洋红色，如**图7-9**所示。

图7-9

步骤2

如果将红色滑块拖到最右侧，橙色滑块向左拖到−71，红色的支撑杆就会偏橙色，如**图7-10**所示。当你已经将滑块调到最大值，却还想让橙色更加鲜艳、明亮应该怎么办？这时你可以先单击面板顶部的饱和度选项卡。

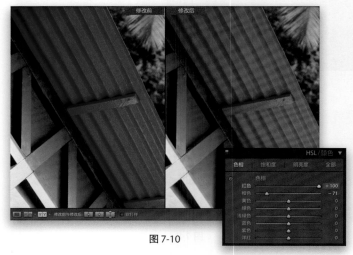

图7-10

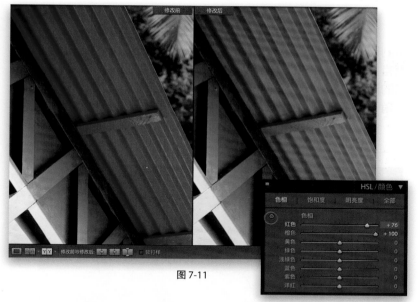

图 7-11

图 7-12

步骤 3

现在，所有 8 个滑块只控制图片中的饱和度。将橙色滑块拖到最右端，红色滑块稍微向右拖动一点，屋顶的橙色会变得更加鲜艳明亮，如**图 7-11** 所示。如果确切知道想要调整的色彩，则可以只拖动相应滑块。但是，如果不确定想要调整的区域由哪些颜色构成，可以使用**目标调整工具**（与我们在色调曲线面板内使用的目标调整工具相同，如**图 7-11** 中红色圆圈所示）。若想使蓝天更澄澈，选择目标调整工具，然后单击蓝天区域并向上拖动，使其更蓝（向下拖动则使蓝色减弱）。你会注意到它不只是移动蓝色滑块，而且还会使浅绿色饱和度增加一点。

步骤 4

若想改变色彩的亮度，请单击位于该面板顶部的明亮度选项卡。要使屋顶的橙色变亮，只需选择**目标调整工具**并垂直向上拖动。最后要介绍的两点是：单击全部选项卡（位于该面板的顶部）会将所有滑块放在一个长长的列表内，而颜色选项卡则将它们拆分为 3 部分，布局更像 Photoshop 的色相 / 饱和度。但无论你选择哪种布局，它们的工作方式都完全相同。**图 7-12** 中列出了修改前后的视图，我们修改并提亮了屋顶的颜色。

7.4
添加暗角效果

边缘暗角效果（使图像周围的所有边缘变暗，以便将注意力吸引到照片中央）属于这类效果之一——要么喜欢，要么抓狂（对我而言则属于第1种情况，我喜欢它）。本节我们将探讨怎样应用简单的暗角效果，以及如何使照片经裁剪后仍显示暗角（称为裁剪后暗角），并且还会介绍如何添加其他的暗角效果。

步骤1

要添加边缘暗角效果，请转到右侧面板区域，向下滚动到镜头校正面板。（它之所以位于镜头校正面板，是因为有些特殊的镜头会将照片边缘变暗。在这种情况下，我们需要在镜头校正面板中校正这一问题。）我们将使用该面板内的控件使边角变亮。总的来说，少量的边缘变暗是件坏事，但如果有意添加大量的暗角，那就会很酷。**图7-13**中所示的照片是一幅没有暗角的原始照片。

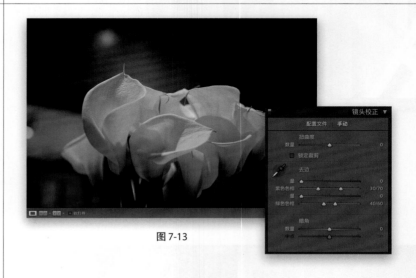

图 7-13

步骤2

我们先从常规的全尺寸图像的暗角开始介绍。请单击面板顶部的**手动**选项卡，然后将暗角区域的数量滑块一直拖动到最左端，该滑块控制照片边缘变暗的程度。中点滑块控制暗部的边缘向照片中央扩展的范围，请试着把它拖远一点，它可以创建出良好的、柔和的聚光效果，如**图7-14**所示。在这种效果下，照片边缘暗、主体亮度适中，能达到引导观众注意力的效果。

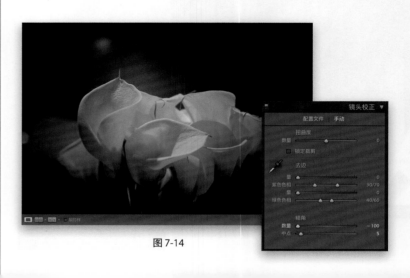

图 7-14

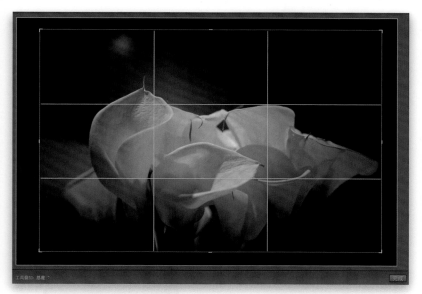

图 7-15

步骤 3

现在的处理效果还不错，但在裁剪照片时会遇到边缘暗角消失的问题。为解决这个问题，Adobe 添加了一个被称为裁剪后暗角的控件，用于裁剪后添加暗角效果。现在，我对同一张照片进行裁剪，先前添加的大多数边缘暗角将被裁剪掉，如**图 7-15** 所示。因此，请转到效果面板，在面板顶部将看到裁剪后暗角控件。在使用该控件前，请先将暗角区域的数量滑块复位至 0，以免我们在原先就添加了暗角效果的照片上进行裁剪后暗角处理。

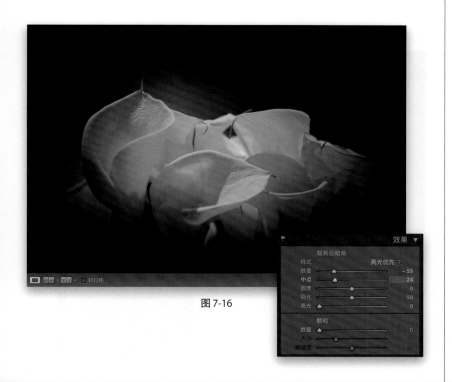

图 7-16

步骤 4

调整该滑块前，我们先介绍一下位于效果面板顶部的样式下拉列表。它有 3 种选项，分别是高光优先、颜色优先以及绘画叠加。我目前只用过高光优先样式，它的处理效果和常规暗角控件更接近，会使照片的边缘变得更暗，但颜色可能出现轻微的偏差，看起来更加饱和。该选项的取名来源于它尽量保持高光不变，因此如果边缘附近存在一些明亮的区域，它们的亮度也不会有太大的变化。本例中我将照片的边缘调整得很暗，目的是希望你能清楚地看到裁剪后照片上的效果，如**图 7-16** 所示。颜色优先样式更注重保持边缘周围色彩的精度，因此边缘会变得有点暗，但色彩不会变得更饱和，并且不如高光优先样式那样暗（或者说那样漂亮）。使用绘画叠加样式得到的效果与 Lightroom 中的裁剪后暗角效果相同，它只是将边缘描绘为暗灰色。

步骤5

　　接下来的两个滑块可以使你添加的暗角效果看上去更真实。例如，圆度滑块控制暗角的圆度。知道它的作用之后，请尝试将圆度滑块保持为0，然后将羽化滑块一直拖到最左端。看到照片中创建出了一个非常清晰的椭圆形状了吗，如**图7-17**所示？当然，你不会在实际操作中使用这样的效果，但是它能帮你理解此滑块的实际作用。来回拖动圆度滑块即可控制椭圆的圆度，现在将其重置为0（并停止拖动滑块）。

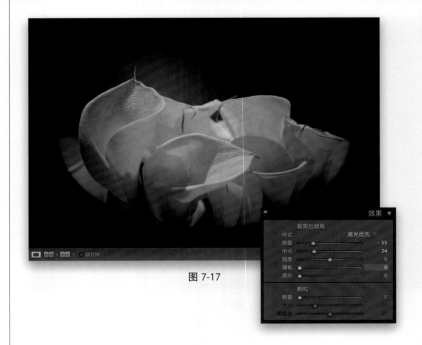

图 7-17

步骤6

　　使用羽化滑块能控制椭圆边缘的柔和度，因此向右拖动该滑块将使暗角更柔和，且显得更自然。**图7-18**中我单击了羽化滑块，并把其数量拖动到57，可以看到上一步中的椭圆边缘变得非常柔和。使用裁剪后暗角控件使边缘区域变暗时，面板底部的高光滑块用于帮助保留该区域的高光，将其向右拖动得越远，高光保留得就越多。仅当样式设置为高光优先或颜色优先时，才可以使用高光滑块。（但是你不会把它设置为颜色优先，因为它看起来有点令人讨厌，对吧？）以上操作讲解了如何通过使边缘变暗来添加边缘暗角，将观众的注意力吸引到照片中心。

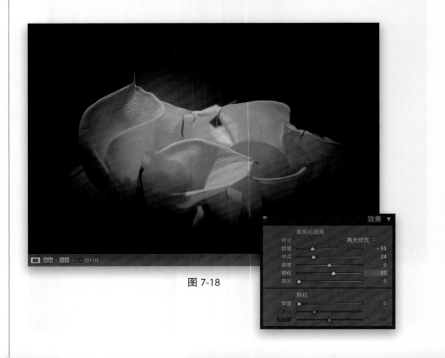

图 7-18

高对比度效果是几年前开始流行的一种Photoshop特效，现在它成了最热门、最常用的特效之一，我们经常可以在大型杂志封面、网站页面、名人肖像、纪念册封面等处看到这种效果。现在，在Lightroom内就可以创建出与之非常接近的效果。在我向你展示这个特效之前，不得不说，这个特效一定会让你又爱又恨。

7.5
创建新潮的高对比度效果

步骤 1

在应用这种效果之前，我要声明一点：这种效果并不是对每张照片都适用。通常在具有丰富细节和质感的照片上应用这种效果最好，尤其适用于城市风光摄影、工业产品摄影和人像摄影（尤其是男士人像摄影）领域，以及所有你希望有表现逼真的效果和质感的照片。所以，对于希望看上去柔和、迷人的照片就不要应用这种效果。**图 7-19** 所示的照片拥有丰富的细节和质感，因此非常适合应用这种效果。

图 7-19

图 7-20

步骤 2

接下来我们要大幅拖动位于修改照片模块基本面板中的 4 个滑块：（1）将对比度滑块拖曳到 +100；（2）将高光滑块拖曳到 –100；（3）将阴影滑块拖曳到 +100，提亮阴影；（4）将清晰度滑块调整到 +100。现在，整个照片拥有了高对比度的外观（如**图 7-20** 所示），但是我们的操作还没完成。

步骤3

　　现在，根据被应用特效照片的实际情况进行调整：如果图像整体太暗（将对比度调到+100时会发生这种情况），可能需要将曝光度滑块稍微向右调整；如果照片看起来有点过曝（将阴影滑块调到+100后的效果），你可能需要将黑色色阶滑块往左拖动，补充色彩饱和度并保持整体平衡（我把曝光度减至−0.20，把黑色色阶降至−23）。除去这些可能的调整之外，还要向左拖动鲜艳度滑块（本例中，我将其调到−25），稍微降低照片的饱和度。降低饱和度是此特效的一个标志，它可以在不必合并多重曝光的情况下赋予照片高动态范围（High Dynamic Range，HDR）图像的效果，如**图7-21**所示。

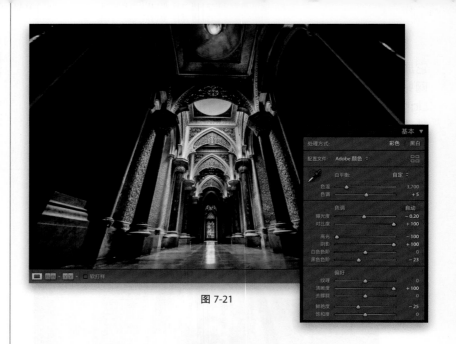

图 7-21

步骤4

　　最后一步调整是添加边缘暗角效果，使照片的边缘变暗，把焦点集中到主体上。因此，请转到镜头校正面板，单击顶部的**手动**，将暗角区域的数量滑块向左侧拖动，使边缘变得很暗。然后，同样将中点滑块向左大幅拖动（中点滑块控制暗角边缘向照片中央扩展的范围，将该滑块向左拖动得越远，变暗效果向照片中央扩展得就越远），如**图7-22**所示。上述操作会让照片整体看起来有点儿过暗，所以我必须回到基本面板稍微提高曝光度至+0.10，将设置暗角之前的最初亮度补充回来。**图7-23**至**图7-25**所示是我展示的几张修改前后的对比图，帮你理解这项操作是如何影响不同的照片的。另外，调整完成后不要忘记将其保存为预设，这样就不用每次都手动调整了。

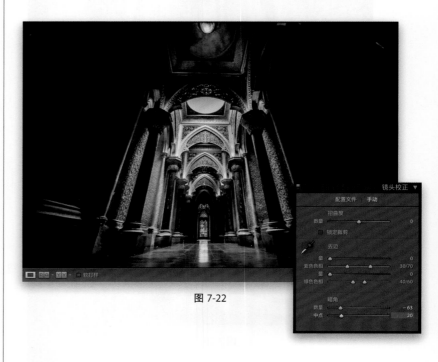

图 7-22

图 7-23

图 7-24

图 7-25

7.6
创建黑白图片

有两种自动转换方法可以将图片由彩色转换成黑白，一种在基本面板里，另一种则在HSL/颜色面板里。不论你选择哪种方法，结果都是一样的。而对于我来说，这两种方法看起来都太平庸了，我打心眼里认为自己可以操作得更好。首先介绍我较为喜欢的一种彩色到黑白的转换方法，它以我们在第5章和第6章中学到的知识为基础。

步骤1

　　这是一张拍摄于加拿大班夫的原始彩色图片，非常适合进行黑白转换。注意：不是每张彩色图片都适合进行黑白转换，即使有非常好的转换技术。在做转换之前，我们先看一下**图7-26**右侧的面板区域，你会看到HSL/颜色面板。仔细观察，在基本面板中的处理方式选项里，选择黑白选项卡，如**图7-26**所示。

图 7-26

步骤2

　　重新回到HSL/颜色面板所在位置，你会发现它已经变成不可视状态，因为它已经被黑白选项卡所替代了（如**图7-27**所示），Lightroom已经运用了基本面板中的单色配置文件。如果你单击面板底部的自动按钮，Lightroom会应用自动混合功能。我不怎么用这个功能，因为我觉得这还不够好。一般我都是手动操作，面板中的每个滑块都会影响该颜色滑块所代表的色调。比如说，拖动蓝色滑块，你会看到天空的颜色发生了变化。这些滑块的作用是让图片中某些区域变亮或变暗，试着把每个滑块都前后拖动几次，你就会清楚它们是怎么影响黑白图像的。

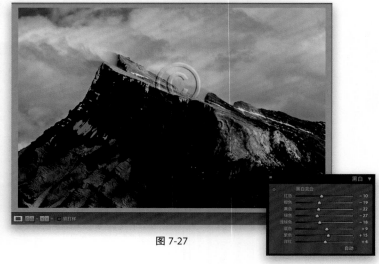

图 7-27

图 7-28

图 7-29

步骤 3

　　双击面板顶部的黑白选项卡中的黑白混合选项，移除自动混合效果，接着拖动每一个滑块几次，看看它们有什么效果，红色及洋红滑块没有对这张图片起到任何影响，但其他大多数滑块都有作用，如**图 7-28**所示。尝试着拖动每一个滑块，看看自己喜不喜欢它的效果，如果合意，就让这个滑块停留在那里。这不能制作出一张完美的黑白图像，但如果之后你想要对某些特定区域进行调整，这个步骤就至关重要。我不会在正式的调整阶段这样做，因为当我们之后有更好的方法转换黑白图像时，如果我们需要让图片中某些区域变得更亮，那么这就不算是好方法了。

步骤 4

　　单击右侧面板区域底部的复位按钮，让我们试试另一种办法。回到基本面板的最上方，选择配置文件弹出菜单中的浏览，如**图 7-29**所示。我们可以使用配置文件转换出黑白图像，这种转换是如何实现的，最终图像又是怎么呈现的呢？

步骤 5

选择浏览后跳转至配置文件浏览器，找到下方的黑白选项卡中的配置文件。这些配置文件最令人惊叹的地方是这并不是预设，不会有任何滑块被移动，因此当你看到你喜欢的配置文件并应用进图像中时，你仍然可以调整应用后的图像。你可以看到每一个黑白选项卡中的配置文件运用后的缩览图的预览效果。想找一个适合照片的效果，只需要把鼠标指针悬停在每一个缩览图上，你就可以实时预览应用效果。对我来说，黑白选项卡中的配置文件黑白07是最合适的，如**图**7-30所示。

提示：哪些照片会成为优秀的黑白照片

如果你想看看你在查看的图像是不是有潜质转换成不错的黑白图像，只需要按下V键，让图片临时转换成黑白模式，就可以看出这张图片适不适合转换成黑白图像了。再次按下V键就可以让图片还原成彩色模式。

步骤 6

应用配置文件除了不会改变滑块位置之外，另一个优势就是你可以控制它们的数量，如果你应用了一个配置文件后觉得它的效果太过鲜艳，那么你可以使用面板上方的数量滑块调整强度。如果你喜欢这个效果，你也可以加强配置文件的效果。在**图**7-31所示中，我将滑块向右拖动到152来增加其数值。

图 7-30

图 7-31

图 7-32

步骤7

　　由于黑白选项卡中的配置文件不会移动任何滑块，因此你可以随意使用它们进行图像调整。**图7-32**所示中，我增加了一点对比度，调低了高光，接着又调整了阴影和白色色阶。做完这一切后，我还是觉得山顶部的颜色太暗了，于是就切换到调整画笔工具，将曝光度调到0.71，将想变亮的区域涂满。除了调整画笔，还可以打开黑白选项卡调整单一颜色滑块（如步骤3所示）。最后，我打开细节面板，将数量滑块调整到90，半径滑块调整到1.1，锐化了阳光的部分（一般我都是使用黑白图片进行该步骤的）。

提示：增加一些噪点！

　　如果你想要让你的图片看起来更像是电影图片，可以在效果面板中颗粒区域下方向右拖动数量滑块，增加一些电影纹理。

黑白图像自动转换　　　　　　　　　　应用黑白配置文件后调整数量滑块、调整基本面板、
　　　　　　　　　　　　　　　　　　　　　　调整画笔和细节面板

图 7-33

7.7
获得优质的双色调显示（以及色调分离）

这是一种非常简单的技术，但很有效。几年前，我从朋友和Adobe全球传播者泰瑞·怀特那里学到了这个技巧，他是从就职于Adobe的摄影师那里学的，现在我将为大家介绍这一技巧。创建双色调的所有方法中，这绝对是最简单也是最好的。

步骤1

虽然实际上双色调和色调分离是在分离色调面板内完成的，但应该先把照片转换为黑白（我说"应该"是因为可以在彩色照片上应用色调分离效果）。单击基本面板右上角的4个方块的图标，转到配置文件浏览器，然后向下滚动到黑白配置文件（如**图7-34**中右侧面板所示）。但是现在，只需找一个看起来不错的配置文件作为起点（我在这里选择了黑白01），然后单击浏览器右上角的关闭按钮。

步骤2

创建双色调的方法简单得令人难以置信，只需向阴影区域添加着色而保持高光部分不变即可。因此，请转到右侧的分离色调面板，先将阴影区域的饱和度滑块拖到25左右，这样就能看到一些着色（刚开始拖动饱和度滑块就能显示出着色，但色相是默认的微红色）。现在，拖动阴影区域的色相滑块到35，获得相对较为传统的双色调外观。我通常在32~41的范围选择一个色相，选择好合适的色相之后，将饱和度滑块拖动到20，如**图7-35**所示。

提示：复位设置

如果想重新开始，按住Option（PC：Alt）键，则分离色调面板中的阴影按钮变成复位阴影，单击它即复位到默认状态。

图 7-34

图 7-35

这些年来柔光效果越来越受欢迎。幸运的是，其实这很容易办到，因为只是简单的曲线变化，即使之前从来没有使用过曲线功能也能轻易做到。

7.8
制作柔光效果

图 7-36

图 7-37

步骤 1

打开修改照片模块中的色调曲线面板（如果你的色调曲线面板和我这里展示的不一样，底下有相应的滑块，单击面板右下角那个小小的曲线图标就可以切换到色调曲线面板了），单击对角线，添加两个控制点：在左下角大约 1/4 的地方添加一个控制点，在右上角 1/4 处添加另一个控制点（如图 7-36 所示）。如果你一不小心在错误的地方添加了一个点，右击选择删除控制点即可。添加这两个点之后，曲线上大部分区域就会被锁定，我们可以只调整阴影和高光区域而不影响图像中的其他色调。这是最困难的部分，其余的都很简单。

步骤 2

单击左下角的控制点，沿着左边的边缘线将它垂直向上拖动。接着同样沿着右边的边缘线拖动右上角的控制点，如图 7-37 所示。接着你就能让图像获得柔光效果，在社交平台上大放异彩了！

7.9
使用一键预设（并创建你自己的预设）

Lightroom中有大量的内置修改照片模块预设，我们可以直接将它们应用到任意照片。这些预设位于左侧面板区域内的预设面板中，其中有15个不同的预设收藏夹：14个 Adobe 提供的内置预设收藏夹和1个用户预设收藏夹（用来储存我们自己创建的预设）。这些预设会为你节省大量时间，本节我们将学习如何使用它们，并学习如何创建属于自己的预设。

步骤1

首先介绍怎样使用内置预设，之后将创建我们自己的预设，并在两个不同的地方应用它们。让我们看一看内置预设，请转到预设面板（位于左侧面板区域内）：总共有14个内置预设收藏夹和1个用来储存自己预设的用户预设收藏夹，如**图7-38**所示。查看其中的内置预设收藏夹，就会发现Adobe命名这些内置预设是按照预设的类型，并在其名称前冠以前缀。举个例子，在 Lightroom 的效果预设中你会找到颗粒预设，并且还有3种不同的选择。

提示：复位设置

要重命名我们创建的预设（用户预设），只需右击该预设并从弹出菜单中选择重命名。

步骤2

只要把鼠标指针悬停在预设面板内的预设上，即可以在**导航器**面板内看到这些预设的预览效果。**图7-39**所示中，我把鼠标指针悬停在名为反冲3的颜色预设上，在左侧面板区域顶部的导航器面板内可以预览将这种颜色效果应用到照片时的效果。

图 7-38

图 7-39

图 7-40

步骤 3

要实际应用其中一种预设，只需单击选择它即可。在**图 7-40** 中，进入 Lightroom 黑白滤镜预设，单击绿色滤镜预设来创建**图 7-40** 中的黑白效果。在应用预设后，如果你还想对照片进行调整，只需要到基本面板中拖动滑块即可。

图 7-41

步骤 4

在**图 7-41** 中，我将对比度增加到 +44，并且把预设中的高光降低至 −98，以便稍微暗化背景。随后把阴影增加到 +10，这样就能在人物较暗的头发部分看到更多细节。把清晰度调至 +16，让照片看起来更清楚。并且，应用预设之后可以再应用多个预设，这些修改将被添加到当前设置上，只要选择的新预设不使用与刚应用的预设相同的设置即可。因此，如果应用了一种预设，该预设设置了曝光度、白平衡和高光但未使用暗角，而随后选择了一种仅使用暗角的预设，它将叠加在当前预设上。否则，如果新预设也使用了曝光度、白平衡和高光，它将只是再次移动对应的滑块，可能会消除原来预设产生的外观。例如，我使用过绿色滤镜预设后，调整完上面提到的设置，然后来到经典一效果预设收藏夹应用暗角 1 预设（如**图 7-41** 所示），用来增加一种边缘暗化效果。本来绿色滤镜预设不会产生暗角，但现在暗角已经添加在其上了。

步骤5

现在，你当然可以使用任意内置预设作为起点创建自定预设，但现在我们从零开始。请单击右侧面板区域底部的复位按钮，将照片复位到开始处理前状态。现在开始创建自己的时尚预设效果：将曝光度提高到 +0.62 来提亮照片，高光调至 −37 让照片更亮，白色色阶降至 −69，黑色色阶降至 −58，鲜艳度设为 +7 来使照片更加饱和，如**图 7-42** 所示。以上是在**基本**面板中需要做的调整。

图 7-42

步骤6

现在转到分离色调面板，在高光区域把色相设为 59（以便得到琥珀色效果），饱和度设为 11。在阴影区域把色相设为 177（绿色阴影），饱和度设为 10。中间的平衡滑块有助于你选择高光区域色相和阴影区域色相之间的平衡。把平衡设置为 −83，使图像的阴影趋近于绿色，如**图 7-43** 所示。现在把它保存为预设。

图 7-43

图 7-44

图 7-45

步骤 7

在预设面板中，单击在预设面板标题右侧的＋按钮，选择新建预设打开新建修改照片预设对话框，如**图 7-44** 所示。我把这个预设命名为 Insta-Clarendon Look，单击对话框底部的全部不选按钮，然后选中所有编辑过的设置区域对应的复选框，以便创建预设，如**图 7-44** 所示。现在单击创建按钮，将刚才所做编辑保存为自定预设，之后它将出现在预设面板的用户预设收藏夹下。注意：要删除用户预设，只要单击该预设，之后单击－按钮即可，该按钮显示在预设面板标题右侧的＋按钮的左边。

步骤 8

现在单击胶片显示窗格内的不同照片，之后把鼠标指针悬停在新预设上。如果观察一下导航器面板，就会看到该预设的实时预览（如**图 7-45** 所示），因此就能在把预设实际应用到照片之前马上知道其效果是否理想。

提示：更新用户预设

如果你更改了用户预设，并想把它更新为最新的设置，只需右击你的设置，从弹出菜单中选择更新为当前设置即可。

步骤9

如果想要把特定的预设（内置或自定预设均可）应用到一堆正在导入的照片中，你可以在导入照片时将该预设应用于照片，一旦照片导入成功便已应用了预设。我们需要在导入窗口完成这个操作，进入在导入时应用面板（如**图7-46**所示），从修改照片设置下拉列表中选择该预设（刚刚创建的Insta-Clarendon Look），那么它就会在照片导入时自动应用到每张照片上。此外，还有一个地方可以应用这些修改照片预设，那就是图库模块内快速修改照片面板顶部的存储的预设下拉列表。

提示：导入预设

很多联机的地方都提供可免费下载的修改照片模块预设。下载完预设之后，若要把它添加到 Lightroom，请转到预设面板，右击用户预设，从弹出菜单中选择导入，找到下载的预设，单击导入按钮。现在，该预设就会显示在用户预设列表内，如图7-47所示。

图 7-46

图 7-47

现在光斑效果非常流行，这类特效实现起来也很方便，有两种方法可以实现这类效果。我首先介绍我最喜欢用的方法，第2种方法仅作为提示向大家介绍，因为这两种方法使用的设置相同，只是所用的工具不同。

7.10
光斑效果

图 7-48

图 7-49

步骤 1

图 7-48 所示的照片是一张原始照片，仔细看人物的头发和逆光效果，可以知道光斑效果应该放置的位置。

步骤 2

在右侧面板区域顶部的工具箱中选择径向滤镜工具（圆圈标注处，或按 Shift+M）组合键，在单击并将其拖出之前，向右拖动色温滑块（我拖到了78）。现在，增加曝光度。在有太阳的情况下我拖到了1.51，所以基本上增加了一个半的曝光。然后，在肩膀左侧单击并拖出一个椭圆，如图 7-49 所示。注意椭圆的位置——我故意让光线稍微溢到她脸上。

步骤3

接下来，我们需要减少清晰度、柔化光线，所以向左拖动清晰度滑块（我拖到了-78）。照片有点暗，所以也需要增加曝光度，提亮照片（我把它增加到了2.93）。要准确地定位光斑，请单击黑色的编辑标记并稍微向左拖动，如**图7-50**所示。

图 7-50

步骤4

为实现更逼真的效果，需要将照片整体色调与新添加的光斑的暖色相匹配。所以，转到基本面板并向右拖动色温滑块，这样太阳光就会混合进去。请稍微减少对比度，我极少会添加负对比度，但在这种情况下，随着太阳光线的射入，降低对比度有助于提升照片的效果，如**图7-51**所示。照片修改前后的对比如**图7-52**所示。

提示：第2种方法（可选）

若想获得类似的效果，可以使用大尺寸的调整画笔（快捷键K）——与径向滤镜工具的设置相同，只需用画笔单击或双击相同的位置，即可实现光斑效果。

图 7-51

图 7-52

正片负冲是现在流行的热门时尚效果，有很多种方法能达到这种效果。我们从最简单的讲起，一直讲到最难的曲线调整。

7.11
正片负冲制造时尚效果

图 7-53

图 7-54

步骤 1

正片负冲效果一般通过**分离色调面板**应用在彩色图片中，就像我们可以制造出双色调外观那样。但和双色调外观稍有不同，我们需要为高光和阴影部分各自选择一个色调，如**图 7-53**所示。

提示：预览色调

长按 Option（PC：Alt）键，拖动色调滑块，你就能即时预览你选择的色调，就像把饱和度提高到 100% 一样。

步骤 2

这里我把高光区域的色相调为 57，阴影区域的色相调为 232，接着将阴影区域的饱和度滑块调到 56，高光区域的饱和度调为 51（比往常稍高）。这就结束了（如**图 7-54** 所示），很简单不是吗？另外，高光及阴影选项中间的平衡滑块可以帮助你平衡色彩混合度。你也可以选择高光或阴影区域右侧的拾色器，从色板中选取颜色，最顶上是一些常见的高光色调。单击左上角的"×"图标可以关闭拾色器。

步骤3

　创建正片负冲效果的另一种处理方法是在色调曲线面板右侧单独调整红色、绿色和蓝色通道。单击通道右侧的下拉列表，在弹出的菜单中选择你想要编辑的通道，比如红色通道。右图所示是我们的原始照片，要对它应用特定的正片负冲效果（你可以使用色调曲线创造任何想要的颜色组合），你可以放着红色通道不管，只调整其他两个通道的曲线。选择中间的绿色通道，在曲线靠近底端的1/4处增加一个控制点，接着拖动它向对角线上方移动，增加阴影部分的绿色色调。在靠近顶端的1/4处增加另一个控制点，将它沿着对角线稍微往下拖动一点点。接着再在蓝色通道中将控制点沿左边边缘稍微垂直向上拖动，在中间色调中增加一点点蓝色。之后，拖动右上角的控制点沿右边边缘垂直向下拖动，增加一点蓝色。同样在靠近顶端1/4处增加一个控制点，稍微向下拖动一下，在高光部分增加一点黄色。最后，在靠近底端1/4处创建控制点并向上拖动一点。调整后的色调曲线如**图7-55**所示。

图 7-55

步骤4

　现在你的图片中已经有蓝色、绿色和黄色了，如**图7-56**所示。如果觉得图像对比度太高了，可以在基本面板中调整对比度滑块，直到觉得合适为止。

图 7-56

Lightroom的全景功能（将多个帧拼接成一个非常宽或非常高的镜头）是十分出色的，它创建的最终全景图像仍然是RAW格式的图像。

7.12
拼接全景图

图 7-57

图 7-58

步骤1

在图库模块中选中你想要将其拼接成全景画的照片，然后在照片菜单的照片合并子菜单下选择全景图（如**图 7-57 所示**），或者也可以直接按Control+M（PC：Ctrl+M）组合键。

提示：拍摄时重叠20％左右

要让Lightroom成功将镜头拼接成一张照片，请务必将每一帧重叠至少20％，这有助于Lightroom确定哪些可以组合在一起并防止出现间隙。

步骤2

全景合并预览对话框将被打开，如**图7-58**所示。对话框内有3个选择投影选项，可以用于创建映射，但系统会自动选择最优选项。对我而言，我只使用球面，根据Adobe的说法，球面适合大部分的全景图。拍摄建筑的全景图时，如果想要保持直线，Adobe建议使用透视。最后，圆柱介于两者之间，这类投影更适用于宽尺寸的全景图，但需要全景图保持垂直线。话虽如此，我仍然只使用球面。

步骤3

仔细观察**图7-58**中的预览图，看到预览图周围需要裁剪的空白区域了吗？你可以随后在Lightroom中裁剪掉它们，但对话框中有两个可靠的选项。第一个是自动裁剪图像边缘的白色间隙，只需选中自动裁剪复选框（如**图7-59**所示），白色区域会被立即裁剪，所以这些白色区域都不可见。自动裁剪的缺点是使照片变窄变矮，照片看起来会变得紧凑。对于其他照片，紧凑的视图或许不是问题，但在**图7-59**中可能会使得山顶的顶部被裁剪掉。好在在自动裁剪照片之后，若不喜欢可以直接将其切换回来。但是，还有个更好的方法。

提示：自由调整全景合并预览对话框的尺寸

只需单击并拖动其边缘，即可将其调整至你喜欢的大小和尺寸。全景图通常是宽图像，所以我将全景合并预览对话框调整至合适的大小。

图 7-59

步骤4

现在，看看边界变形选项，这是我使用全景图的首选项（我每次都使用该选项，如**图7-60**所示），只需一直向右拖滑块，滑块就可以移动全景图，填补照片旋转时产生的空隙。自动填充完照片的空隙之后，你就会发现其精妙绝伦之处！我不确定这个功能点为什么是滑块而不是个复选框，我想这可能是因为并不是所有时候都需要实现其100%的功能，所以可以自由地拖回90%或80%。无论哪种方式，它的效果都非常棒，我都会将这一功能应用到全景图上（比较图见**图7-61～图7-63**）。

图 7-60

图 7-61

图 7-62

图 7-63

注意最终的全景图是 DNG 图像

图 7-64

步骤 5

观察**图 7-61**～**图 7-63**，可以找出其视觉差异。**图 7-61** 是原始的全景图；**图 7-62** 是自动裁剪之后边缘周围的白色间隙被修剪掉的照片；**图 7-63** 是同一张全景图，但其边界变形为 100%。这里没有标准答案——可以选择你想要的任何答案，甚至根本不做任何选择。你完全可以在 Lightroom 中裁剪照片，或将其转移到 Photoshop 以使用内容感知填充来填补空白。

提示：无法匹配镜头配置文件

若要解决自动裁剪复选框下出现警告图标，提示 Lightroom 无法自动匹配镜头配置文件问题，请单击取消按钮，确保全景照片为选中状态，然后转到镜头校正面板（在修改照片模块的右侧面板区域内）并选中配置文件选项卡中的启用配置文件更正复选框。接下来，在弹出菜单中选择镜头的品牌、型号，然后返回并再次尝试编辑全景照片，一切都会恢复正常。

步骤 6

单击合并按钮，渲染最终的全景图（渲染工作在后台进行，可在 Lightroom 左上角的进度条查看渲染进度）。渲染完成后，拼接成功的全景图是 DNG 格式，保存在原先创建全景图的收藏夹当中，如**图 7-64** 所示。当然，前提是拼接照片时图像存储在收藏夹中。如果不在收藏夹内，拼接好的全景图则存储在原图像的文件夹内，通常排列在原图之后。你可以像编辑其他图像一样编辑这张全景图。

7.13
添加光线效果

Lightroom中的两种画笔可以实现光线效果，你不仅可以调整两种画笔的大小，还可以随意切换画笔。大小画笔可以实现光线的自然过渡，羽化可以让过渡区域变得自然、平滑，为合适的照片添加光线效果特别简单有效。

步骤1

　　图7-65所示是一张我们想往上增添太阳光束的原始RAW格式图像。你可能认为这是一张非常蹩脚的照片。对，这张照片现在确实是不出彩，但这张照片有一处亮点：太阳光线透过了树丛。虽说这张照片目前有不足之处，但这也是我们改进的突破口。

图 7-65

步骤2

　　为照片增添暖色调是我们需要做的第一件事。转到基本面板，向右拖动色温滑块。现在增加曝光度至+0.25，并增加对比度至+56，从而提亮照片（提亮1/4左右）。然后，降低高光至-60，减少太阳的强光（因为添加光束会使太阳光更刺眼）。现在，树林看起来仍然很暗，所以将阴影增加到+100。调整白色色阶至-100，因为太阳光源非常的亮。最后，将清晰度增加到+24以显示细节，将鲜艳度提升至+27，使色彩更丰富。虽然这张照片还不算很好看，但确实有改进，如**图7-66**所示。

图 7-66

图 7-67

图 7-68

步骤 3

现在需要创建光束。从右侧面板顶部的工具箱中获取调整画笔，将色温滑动至 77（这样能画出黄色的笔触），曝光度增加到 2.00 左右。在面板的底部有两种画笔，标记为"A"和"B"。单击 A 画笔，将羽化设置为 100（使画笔的边缘变柔和），流畅度设置为 100（获取一致的效果），画笔大小设置为 0.1（这是一个很小的画笔），然后在太阳上单击一次。由于笔触很小，实际上看不到任何改变，但应该能看到一个小的黑色编辑标记出现在单击的位置，如**图 7-67** 中的红色圆圈所示。

步骤 4

再次确认羽化和流流畅度设置为 100，现在单击 B 画笔，这只画笔的尺寸应比上一只大（我将其设置为 18.0）。刚才已经在太阳所在位置单击过一次，现在将 B 画笔移动到图像的底部，按住 Shift 键（按住 Shift 键能让底部的编辑标记和第 1 次的编辑标记连成一条直线），然后用那个较大的画笔单击一下。两个点之间会自动连成一条直线，这条直线会以扇形的形状放射展开，如**图 7-68** 所示。这就是创建光束的方法，其他快速增添光线的途径见下页。

步骤5

接下来，我们要继续添加更多的光束。考虑到添加的效率，我们不需要重复上述方法，而是可以使用快捷键方便快捷地添加光束。以下是具体操作步骤：选择A画笔，在太阳上单击一次；然后按/键切换到B画笔，按住Shift键并单击照片底部，单击处应位于原始光束的右侧或左侧。每按一次/键，画笔会在A和B画笔之间切换。因此，按/键切换到A画笔，在太阳上单击一次，再按一次切换到B，按住Shift键，然后在照片底部的其他位置再次单击，反复操作即可，效果如**图7-69**所示。

图7-69

步骤6

添加的所有光束都由第1次单击太阳创建的编辑标记表示。这非常方便，因为你可能需要降低光束的强度，让光束和照片混合自然、效果更逼真。只需拖曳曝光度滑块，然后降低光束的曝光度即可。画笔原先的曝光度是2.00，所以向左拖动曝光度，直到光束的亮度与照片的亮度相衬。在本例中，曝光降低至1.04，光束的亮度降低了近10%，如**图7-70**所示。

图7-70

图 7-71

步骤7

　　我们在光束周围添加了一点霾或雾，这是一个可选步骤，但这可以增加照片的真实感。方法如下：首先单击面板右上角附近的新建按钮，然后双击效果，将所有调整画笔的滑块重置为0，向左拖动去朦胧滑块（我将其拖动到−5），然后用大画笔在光束所在的区域上方涂绘，并在光束周围添加雾霾，如**图7-71**所示。

提示：创建更柔和的光束

　　如果你需要更为柔和的光束，可以向左拖动调整画笔的清晰度滑块。

图 7-72

步骤8

　　图7-72中是相同技巧的示例，但是光束的颜色各有不同（通过更改白平衡实现）。在左上方的深槽峡谷中，我向左拖动白平衡的色温滑块以创建更白的光束，但没有变太白。在右上方的火之谷的照片中，我向左拖动了色温滑块，因此光束不会那么黄，我还降低了曝光度。编辑下方的音乐会的照片时，我调大了A画笔（我将A画笔设置为20，B画笔设置为35），还改变了光束的白平衡。

7.14
创建 HDR 图像

Lightroom 可以把相机内的一系列包围曝光照片合并为单张 32 位 HDR 图像。但要注意的是，它不会创造出传统的色调映射 HDR 效果。事实上，HDR 图像更趋向于正常的曝光效果，但当你编辑它，需要提升阴影等设置时，它可以增加高光范围，拥有更优秀的低噪点效果，使照片整体的色调范围更广。另外，最终的 HDR 图像会存储为 DNG 格式，可以像 RAW 格式一样被编辑。

步骤 1

从图库模块选择两张照片。我有 3 张曝光度不同的照片（一张曝光正常，一张曝光不足，另一张曝光过度），但根据 Adobe 工程师所说，Lightroom 只需两张就够了——从一张开始到另一张结束。所以，我在这里选择了那两张照片。现在，在照片菜单下的合并照片选项中选择 HDR（如**图 7-73** 所示），或者只需按 Control+H（PC：Ctrl+H）组合键。

步骤 2

打开 HDR 合并预览对话框，如**图 7-74** 所示。这个对话框是可以调整大小的，单击并拖动对话框边框可以改变它的大小。对话框右上方的自动设置复选框是默认选中的，和基础面板中的自动调色差不多。我一般不在常规修图时使用这个功能，但对于 HDR 图像来说，这个功能非常好用。根据图像的不同，自动设置能让阴影区域能够看到更多的细节，或是更明亮。但是它看起来不会有太大的区别，只有当你在修改照片模块中给图像调色时才会知道在 Lightroom 中处理图片的好处。

提示：更快地处理 HDR 图像

要想跳过这个对话框，让它在后台创建 HDR 图像（使用你打开的上一张 HDR 图像的设置），只要按住 Shift 键就可以从图片目录中选择 HDR。

图 7-73

图 7-74

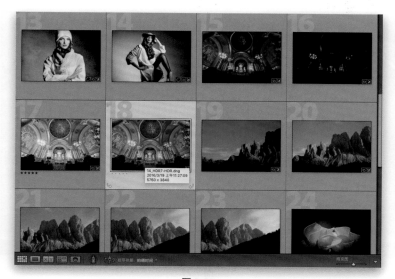

图 7-75

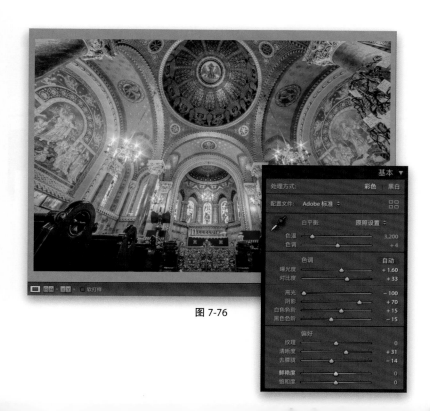

图 7-76

步骤 3

　　单击合并按钮，一张新的 HDR 图像会出现在你的收藏夹中，如**图 7-75** 所示。（如果你是使用文件夹工作的，那么需要到文件夹最底端寻找新增的 HDR 图像。）另外，可以通过查看缩览图发现 HDR 图像是如何集合这两张图片中的优点，创建出更加有深度的图像的。

步骤 4

　　现在，你可以对这张 HDR 图像进行常规调整了（是的，Lightroom 创建的 HDR 图像最终仍会以 RAW 图像的形式保存下来）。这里我已经应用了自动调色功能，所以不要因为一些滑块已经移动过了而感到惊奇。但我增加了对比度和清晰度（如**图 7-76** 所示），并降低了鲜艳度，因为我觉得整体的颜色有点太过炫目了，我想要的是金色而不是黄色。总之，关键是你可以像调整其他任何图像一样调整它。

步骤 5

　　在 Lightroom 中创建 HDR 图像的好处在于，这些 HDR 图像会在合并过程中增加色调范围，放大阴影区域后你会看到更多的细节，并且不受噪点的困扰。比如说，看看**图 7-77** 中左边普通的单帧图像，当放大这些阴影区域时你会看到成千上万的噪点，就像是一场瓢泼大雨中的雨点一般。现在，看看**图 7-77** 中右边的 HDR 图像，放大阴影区域后你看不到任何噪点。没错，这就是创建 HDR 图像最好的理由：它会增加色彩的范围！

图 7-77

步骤 6

　　接下来介绍 HDR 合并预览对话框中的自动对齐复选框，这主要是在你手持拍摄包围曝光照片时若照片没有对齐，可以帮助你自动恢复图像的。例如，看看**图 7-78** 左边这张手持拍摄的骆驼照片（我知道它只有一个驼峰，严格来说应该是单峰骆驼），你可以看到它的边缘几乎重叠了另一个骆驼的轮廓，那是因为我是手持拍摄的。选中自动对齐复选框后，现在查看**图 7-78** 右侧的图像，图像已调整好，而且通常都不会有错。当然，如果是在三脚架上拍摄的 HDR 图像，那么你根本不需要使用这个功能，直接跳过就可以了。消除重影功能和自动对齐功能不同：自动对齐功能用于当拍摄照片时稍微移动了相机的情况下使图像对齐；而消除重影功能则是当你在拍摄时画面中有移动的物体（比如说有人从眼前经过，这让他看起来像是一个半透明或全透明的幽灵，一点也不酷的那种），为消除重影而使用的。

图 7-78

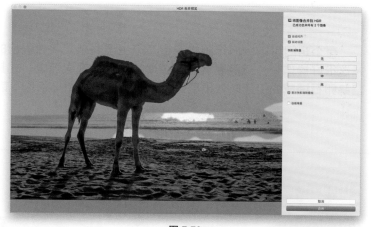

图 7-79

图 7-80

图 7-81

步骤 7

默认情况下，消除重影功能是关闭的，只有在需要消除重影时才会打开。我们可以选择低（用以少量重影）、中（用以更多重影）或高（画面中有大量的重影），消除重影功能会完成一项非常惊人的工作，即从曝光的区域中将没有移动的区域隔离出来，然后天衣无缝地展现出来。一般我都是从低开始的，如果重影仍然存在，才会改为中或高。如果你想在图像中看到已经被消除的重影，可以选中显示伪影消除叠加复选框，几秒后（它必须在后台构建一个新的预览图）重影就会显示为红色，如图 7-79 所示。

步骤 8

回到我们的原始 HDR 图像（如图 7-80 所示），这是一张普通而单调的图像（请注意这长椅有多暗，并注意当我加深这些长椅的阴影区域后会发生什么）。图 7-81 是一张 HDR 图像，没有噪点，而且还有很宽广的色彩范围。

提示：查看色彩范围扩大范围

如果你想看看 HDR 图像的色彩范围扩大范围，那么向右拖动曝光度滑块。注意滑块是否停在 +5 的位置上。将滑块拖动到 +10 和 −10 的位置（如果向左拖动）。照片会从纯黑变为纯白。

7.15
让街道看起来湿漉漉的

有个窍门可以令旅行照中的街道产生湿润感，我独爱它的原因是这很好操作——只需要调整两个滑块，而且效果惊人，尤其是调整鹅卵石铺成的街道时效果更好，不过普通的柏油马路也不错。

步骤1

进入修改照片模块，在基本面板中进行一些常规的调整（如图7-82所示）：按住Shift键并双击白色色阶滑块或黑色色阶滑块，让Lightroom自动设置黑白点；我稍微增加了阴影数值，为建筑物增添一点细节；还稍微调低了高光值，因为天空的颜色看起来太淡了。你可以根据需要对照片进行调整，我在这里只是对准备照片时的基本编辑稍做介绍。

图 7-82

步骤2

单击工具栏中的调整画笔工具，然后双击效果二字把所有滑块归零。此处只需调整滑块：把对比度滑块拖曳到100，然后把清晰度滑块也拖曳到100。现在开始描绘希望产生湿润效果的地面（此处我描绘了前景的街道），让其变得有潮湿感，就像真正的湿润路面那样带有反射效果，如图7-83所示。

图 7-83

图 7-84

步骤 3

如果发现调整后的效果不够"湿润"，可以单击调整画笔面板左上角的新建按钮，对相同的区域进行描绘，但要从街道的不同位置开始画起，这样就把第2次绘制叠加在了第1次的湿润效果上。顺便说一下，如果因为清晰度值太高而使街道显得很明亮，只需稍微降低曝光度或高光，让整体拥有相同的亮度即可。在本例中我把高光降为−16，我还试着降低曝光度，不过发现只降低高光的效果似乎更好一些，如**图7-84**所示。

步骤 4

这个技巧看似特别适合由鹅卵石铺成的街道，不过它也适用于大部分常见的街道。**图7-85**中显示了修改前和修改后照片的对比。经过简单的调整，普通街道瞬间变得潮湿起来。

图 7-85

摄影师：斯科特·凯尔比 │ 曝光时间：1/25s │ 焦距：70mm │ 光圈：f/2.8

CHAPTER 8

第 8 章
常见问题处理

- 校正逆光照片
- 减少杂色
- 撤销在 Lightroom 中所做的修改
- 裁剪照片
- 在关闭背景光模式下裁剪
- 矫正歪斜的照片
- 常规修复画笔
- 简便地找出污点和斑点
- 消除红眼
- 校正镜头扭曲问题
- 使用引导式功能手动校正镜头问题
- 校正边缘暗角
- 锐化照片
- 校正色差（彩色边缘）
- Lightroom 内的基本相机校准

我认为逆光照片之所以常见，是因为在逆光情况下人眼能够很好地调节，一切都看得清清楚楚；但相机曝光有很大的不同，在逆光下拍摄时，看起来非常平衡的照片就会出现图8-1所示的情况。通过调整阴影滑块可以出色地解决这类问题，但你还需增加一点别的处理。

步骤1

图 8-1 中，照片中的拍摄主体处于背光状态（你可以看到模特身后的太阳）。模特虽是背光，但人眼里看到的曝光是正常的。当我通过数码单反相机的取景器观察时，效果和肉眼观察的一样，但相机传感器生成的图像只是剪影轮廓。这个问题是可以解决的。

提示：注意噪点

照片中的噪点通常出现在阴影区域，因此如果大量使用阴影的话会将噪点放大。拖动阴影滑块时要注意这一点：如果发现很多噪点，可以使用调整画笔工具（快捷键K）向右拖动杂色滑块，涂抹噪点区域。

步骤2

在修改照片模块中转到基本面板，向右拖动阴影滑块，直到主体的面部开始与图像中的其余光线平衡（我将其拖动到+80）。注意不要太亮，否则照片会变得不自然。还需注意一点：如果必须大幅度向右拖动阴影滑块，照片会开始褪色，如图8-2所示。但是，有两个简单的操作可以解决这个问题。

图 8-1

图 8-2

图 8-3

步骤 3

　　避免照片褪色的一种方法是向右拖动对比度滑块，直到褪色消失（此外，我将其拖曳至 +46，如**图 8-3** 所示）。如果你不喜欢这一效果，可以将对比度调回 0，然后稍微向左拖动黑色色阶滑块。这两种方法都可以避免提亮阴影时产生的褪色。

步骤 4

　　图 8-4 所示为我使用 Lightroom 对照片进行修改的修改前和修改后视图（快捷键 Y），显示了使用阴影滑块之后调高黑色色阶滑块恢复深阴影对逆光照片所产生的巨大影响。

图 8-4

8.2
减少杂色

在高感光度或者低光照下拍摄时，可能会导致照片内出现杂色，可能是亮度杂色（照片上随处出现的明显颗粒，特别是在阴影区），也可能是色度杂色（那些讨厌的红、绿、蓝斑点）。Lightroom可以解决这两大问题，并且还可以在16位RAW格式图像上应用降噪功能（大多数商业插件只能在图像转换为常规8位图像后才能应用降噪功能）。

步骤1

为减少照片的噪点（**图8-5**所示照片的感光度高达800，且曝光不足，所以需要提亮阴影，这就产生了噪点），请转到修改照片模块的细节面板的噪点消除区域。面板左上角有个小警告的图标，表明为了能看到面板中的滑块对图像所做的更改，你需要放大到1:1视图。如果想看**图8-6**中的图像，尺寸需要再次放大到3:1，现在你可以真正看到地板上和墙上瓷砖的噪点了。

步骤2

我通常先减少杂色，因为杂色会使人分心（如果拍摄的照片是RAW格式，它会自动应用杂色减少功能）。首先将颜色滑块拖动到0，然后慢慢将其拖动到右侧。一旦色度杂色消失就停止拖动，因为如果色度杂色消失仍继续拖动颜色滑块，照片只会变得愈发模糊，所以我拖动至24之后停止，如图8-6所示。如果拖动滑块时丢失了细节，请向右拖动细节滑块，保护边缘区域的颜色细节。将该设置值保持很低的数值就能避免色斑，但可能导致一些颜色溢出。向右拖动平滑度滑块可以调整色斑，但我几乎没有移动此滑块，因为我并没有看到使图像看起来模糊或更糟的地方。

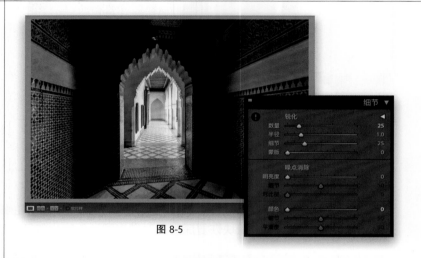

图8-5

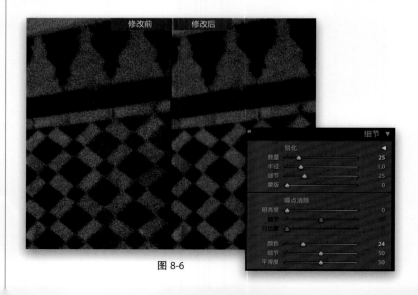

图8-6

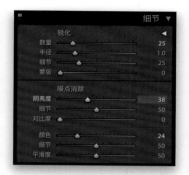

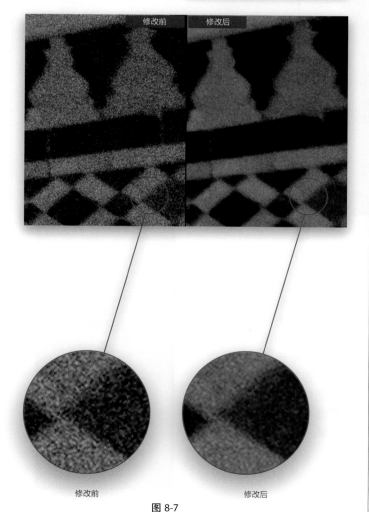

修改前　　　　　　　　　　　　　　修改后

图 8-7

步骤 3

　　一旦消除了色度杂色，图像看起来可能充满颗粒，这是另一种杂色（亮度噪点）。因此，向右拖动明亮度滑块，直到噪点大大降低（我将其拖动到 38，如**图 8-7** 所示）。照片修复前和修复后的对比如**图 8-7** 所示。你还可以控制明亮度滑块下的另外两个滑块，使图像要么具有干净的效果，要么具有大量锐化的细节，但要二者兼顾有点困难。细节滑块（在 Adobe 中称亮度杂色阈值）确实有助于改善模糊的图像。如果你认为图像现在看起来有点儿模糊，请向右拖动细节滑块，但这可能会导致图像杂色增加。如果你希望得到干净的图像效果，请将细节滑块向左拖动，但是会牺牲掉一些图像细节。总是需要权衡，对吧？而对比度滑块则会使杂色严重的图像产生截然不同的效果，当然，它也有自己的取舍。向右拖动对比度滑块将保护照片的对比度，但可能会出现一些斑点状的区域，你可以自行判断这是否对照片有益。

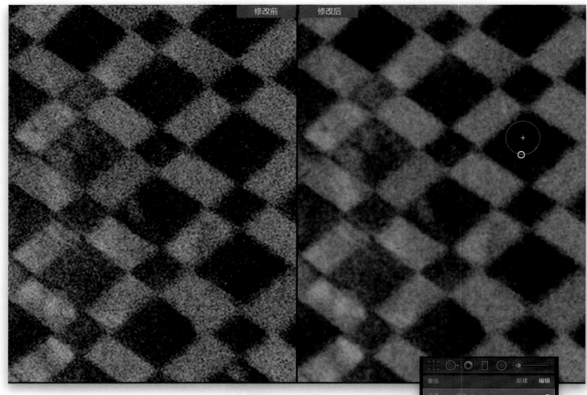

修改前 　　 修改后

图 8-8

步骤 4

　　另一种消除杂色的方法是在特定区域（例如天空或打开的暗区域）中使用调整画笔（快捷键 K）降噪，消除杂色。在调整画笔面板中可以看到杂色，向右拖动此滑块，然后在图像中的某个区域上涂画，能减少涂画区域的杂色，如**图 8-8**所示。这一功能并没那么强大，它会使区域模糊来隐藏杂色，但在某些图像上它的效果很好并且只模糊绘制的区域而非整张图像，就像细节面板的降噪功能一样。请记住，可以先使用细节面板的降噪，然后再在噪点严重的区域使用调整画笔达到降噪效果。

Lightroom 记录了我们对照片所做的每一项编辑，并在修改照片模块的历史记录面板内按照这些编辑的应用顺序以运行列表的形式列出。因此，如果我们想撤销任何一步操作，使照片恢复到编辑过程中任一阶段的显示效果，只要单击一次就可以做到。遗憾的是，我们不能只恢复单个步骤而保留其他步骤，但我们可以随时撤销任何错误的操作，之后选择从这一点开始重新进行编辑。本节将介绍具体的操作方法。

8.3
撤销在 Lightroom 中所做的修改

图 8-9

图 8-10

步骤 1

　　在观察**历史记录面板**之前，我要提出的是：按 Command+Z（PC：Ctrl+Z）组合键可以撤销任何操作。每按一次该组合键它就会撤销一个步骤，因此可以重复使用该组合键，直到恢复到在 Lightroom 中对照片所做的第 1 项编辑为止（可能完全不需要**历史记录面板**，只是让你知道有这个面板可以使用）。要查看对某张照片所做的所有编辑的列表，请单击该照片，之后转到左侧面板区域内的**历史记录面板**，最近一次所做的修改位于面板顶部。注意：每张照片保存有一个单独的历史记录列表。

步骤 2

　　如果把鼠标指针悬停在某一条历史编辑记录上，**导航器面板**中的小预览窗口（显示在左侧面板区域的顶部）会显示出照片在这一历史记录点的效果。这里，我把鼠标指针悬停在几步之前把照片转换为黑白这个操作点上（如**图 8-10**所示），但因为之后我改变了主意，所以把照片又切换回了彩色。

步骤3

如果想让照片跳回到某个步骤时的效果，在其上单击一次即可，如**图 8-11**所示。顺便提一下，如果使用键盘快捷键撤销编辑，而不是在**历史记录面板**中操作时，照片中将会出现还原提示，这样不用一直打开历史记录面板就可以看到你所撤销的内容，这很方便。

提示：永远可以撤销

Photoshop 中只允许进行 20 次撤销操作，如果关闭该文件，记录就会消失。但是在 Lightroom 中，在程序内做的每一次修改都会被记录，当你想修改照片或者关闭 Lightroom 时，这些记录都会被保存。所以，即使一年之后再返回那张照片，也可以对已执行的操作进行撤销。

图 8-11

步骤4

如果遇到自己非常喜欢的调整效果，想快速跳转到这个编辑点时，可以转到**快照面板**（位于**历史记录面板**的上方），单击该面板标题右侧的 + 按钮，如**图 8-12**所示。这一时刻的编辑状态将被存储到**快照面板**，其名称字段被突出显示，我们可以给它指定一个名字，如双色调暗角。这样我就知道以后单击该快照时所得到的效果——一张有暗角效果的双色调照片，并且可以看到该快照在**快照面板**内突出显示。此外，我们还可以将鼠标指针放在**历史记录面板**内的任意步骤上，然后右击，从弹出菜单中选择创建快照即可，非常方便。

图 8-12

第1次使用Lightroom中的裁剪功能时，我认为它非常怪异、笨拙，这可能是由于我习惯了Photoshop早期版本中的裁剪工具。但是一旦习惯它之后，我就觉得它可能是我在所有程序中看到过的最好的裁剪工具。如果你在尝试之后还不喜欢它，则一定要阅读本节的步骤6，了解怎样以更接近Photoshop中的处理方式进行裁剪。

8.4
裁剪照片

图 8-13

步骤 1

尽管我用400mm的镜头拍摄，但是（**图 8-13**中的）原始照片拍摄得太宽，使得拍摄主体不突出，因此需要裁剪得更紧凑一点儿，即裁减掉空余的区域。请转到修改照片模块，单击基本面板上方工具箱内的裁剪叠加工具（快速键R，如**图 8-13**中红色方框所示），这会在其下方显示出裁剪并修齐选项，在图像上会出现一个三分法则网格（有助于裁剪构图）以及4个裁剪角柄。要想锁定长宽比，使裁剪受照片原来长宽比的约束，或者解锁长宽比约束（执行没有约束的自由裁剪），请单击该面板右上角的锁定图标，如**图 8-13**中红色圆圈所示）。

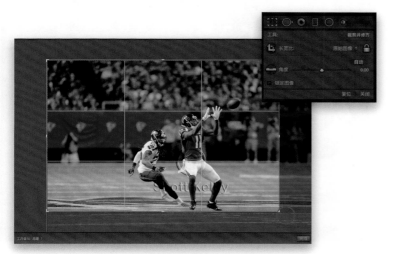

图 8-14

步骤 2

要裁剪照片，请抓住一个角柄，并向内拖动以重新调整裁剪叠加框的大小。这里我抓住右下角柄，并朝内侧对角方向拖动，如**图 8-14**所示。但是，整幅照片仍不紧凑。

步骤 3

　　现在要将照片的人物动作裁剪得紧凑一些，只需抓住裁剪框的左上角，并朝外侧对角方向拖动以获得更美观、紧凑的裁剪效果。如果需要在裁剪框内重新定位照片，只需在裁剪叠加框内单击并保持，鼠标指针就会变成"抓手"形状（如**图 8-15**所示），然后就可以随意拖动了。

提示：隐藏网格

　　如果想隐藏裁剪叠加框上显示出的三分法则网格，请按 Command+Shift+H（PC：Ctrl+Shift+H）组合键，或者从预览区域下方的工具栏的工具叠加下拉表中选择自动，使其只当实际移动裁剪边框时才显示它。此外，这里不是只能显示三分法则网格，还可以显示其他网格，只要按字母键 O 就可以在不同网格之间切换。

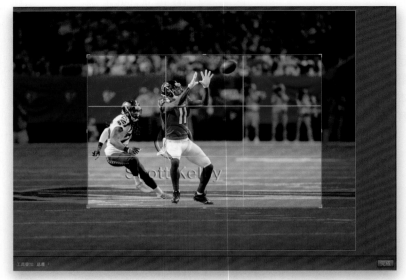

图 8-15

步骤 4

　　裁剪合适后，按键盘上的字母键 R 锁定裁剪，去除裁剪叠加框，显示出照片的最终裁剪版本，如**图 8-16**所示。

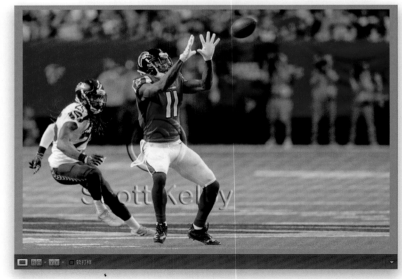

图 8-16

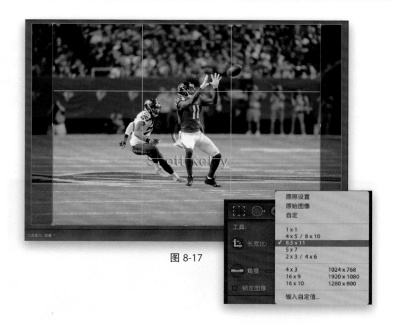

图 8-17

步骤 5

如果想要某种长宽比尺寸的图像，则可以从裁剪并修齐区域的长宽比下拉列表中进行选择。具体操作如下：单击右侧面板区域下方的复位按钮，回到原始图像效果，之后再单击长宽比下拉列表，接着显示出预设尺寸列表，如**图 8-17** 所示。从该下拉列表中选择 8.5 × 11，这时会看到裁剪叠加框的左、右两侧向内移动，显示出 8.5 × 11 的裁剪长宽比效果，我们可以重新调整裁剪矩形的大小，但它会保持8.5 × 11 的长宽比。

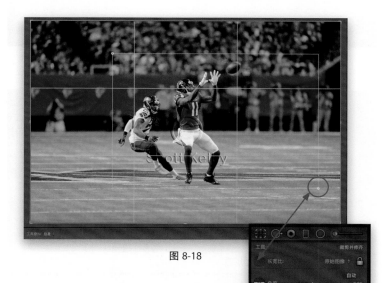

图 8-18

步骤 6

另一种方法更像 Photoshop 中的裁剪方式，具体操作是：单击裁剪叠加工具图标，之后单击裁剪框工具（如**图 8-18** 中红色圆圈所示），在我们想要裁剪的位置单击并拖出所需大小的裁剪框即可。在拖出新的裁剪框时，原来的裁剪框仍然保持，如**图 8-18** 所示。一旦拖出裁剪框后，其处理方式就和之前的方法一样：抓住角柄以调整大小，通过单击裁剪边框内部并拖动来重新定位，完成后按 R 键锁定更改。具体使用哪种方法进行裁剪就全凭你的习惯了。

提示：取消裁剪

若想取消裁剪，只需单击裁剪并修齐区域右下角的复位按钮即可。

8.5
在关闭背景光模式下裁剪

在使用修改照片模块内的裁剪叠加工具裁剪照片时，将要被裁剪掉的区域会自动变暗，这使我们可以更好地了解应用裁剪后照片的效果。但如果想体验最终裁剪效果，真正看到被裁剪照片的样子，那我们可以在关闭背景光模式下进行裁剪。用过这种方法之后，你就不会再想使用其他方法进行裁剪了。

步骤1

要真正学习这种技术，首先要看正常裁剪的图像——大量的面板和干扰，我们实际裁剪的区域显得很暗淡，如**图8-19**所示。现在让我们来尝试一下关闭背景光模式裁剪：首先单击裁剪叠加工具，然后按Shift+Tab组合键以隐藏所有面板。

图 8-19

步骤2

按两次字母键L，关闭背景光，这时除了裁剪区域，所有对象均被隐藏，照片处于黑色背景中央并保留裁剪框。现在，请试试抓住角柄并向内拖动，然后单击并拖动裁剪边框外部使其旋转。在拖动裁剪框时可以看到被裁剪图像会动起来，这就是裁剪的终极方法。**图8-20**中所示的静态图像难以说明其效果，你必须亲自试一试。

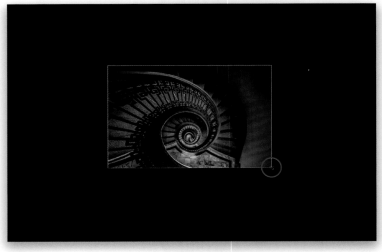

图 8-20

Lightroom提供了4种方法来校正歪斜照片。其中的一种方法非常精确，一种方法是自动的，其他两种方法虽然需要用眼睛观察，但对于某些照片而言它们却是最好的校正方法。

8.6
校正歪斜的照片

图 8-21

图 8-22

步骤1

图 8-21 中，照片的地平线是倾斜的，这对于风光照片来说是致命缺陷。校正这幅照片的第 1 种方法是先选取裁剪叠加工具（快捷键 R），它位于修改照片模块右侧直方图面板下方的工具栏内，如图 8-21 所示。单击裁剪并修齐区域中的角度工具，然后沿着图像内的水平方向从左到右单击并拖动它（沿着运河岸从左向右拖动——红色箭头指示方向，如图 8-21 所示），这非常有效（你甚至可以垂直拖动它，所以我可以把它拖到塔上）。然而，如果要使用这种方法，照片内必须有水平的参照物，如地平线、墙壁或者窗框等。

步骤2

第 2 种方法通常是我的第一选择，因为只需单击一次照片便会自动校正。角度滑块上方是自动按钮——自动拉直按钮（点击面板底部的重置按钮，即可使图像恢复原样）。点击自动按钮会自动拉直照片，如果图中有清晰可见的水平线或明显的垂线参照，它就能很好地矫正歪斜如图 8-22 所示。单击自动按钮之后，图中并没有完成校正歪斜的工作，因为该按钮只是将裁剪边框旋转到裁剪图像所需的精确量。如果自动校正歪斜的效果不错，请单击预览区域右下角下方的完成按钮。

步骤3

第3种方法和第2种方法类似，两种方法的操作实际上是完全相同的，都只需要通过单击按钮来调整照片。转到变换面板（位于右侧面板区域），在顶部的Upright区域，单击水平按钮（如**图8-23**所示），然后自动拉直照片。其实，裁剪叠加工具面板中的自动按钮只是水平按钮功能的快捷方式。了解这一按钮便于你在变换面板工作时使用，而不必再转到裁剪叠加工具面板中拉直图像。

图 8-23

步骤4

点击右侧面板底部的复位按钮，让照片恢复原样之后尝试第4种方法，这种方法又称作"观察法"。现在，把鼠标指针移动到裁剪叠加框之外的灰色背景上，鼠标指针将变为双向箭头。只要单击背景区域并上下拖动鼠标指针即可旋转图像，直到图像看起来变正为止。但是，我更喜欢转到变换面板，找到旋转滑块。向左拖动该滑块，图像会逆时针旋转，当它看起来笔直时（就像我在**图8-24**中所做的那样）便可以停止拖动。虽然这会在图像周围形成白色三角形间隙，但选中锁定裁剪的复选框（如**图8-24**所示），Lightroom会自动裁剪空余的间隙。

图 8-24

这个工具的名字起得很好，它特别适用于在沙滩背景中移除污点、突兀的电线或是散乱的汽水瓶等。不过，不要把它和Photoshop的修复画笔混为一谈，因为它还有移除污点以外的作用（我们至少要学会怎么使用它）。

8.7
常规修复画笔

图 8-25

图 8-26

步骤 1

图8-25中有一张需要修复的图片，这张图片是在一个漂亮的、有异国情调的旧车展览馆中拍摄的。因为是在室内拍摄的，你可以看到天花板上所有的灯光都照射到了汽车上，因此我们的目标就是去除最明显的光斑。单击右侧面板区域顶端的工具箱中的污点去除工具（如**图**8-25中红色圆圈所示），或按Q键，让画笔的笔刷略大于要修复的光斑（可以使用键盘上的左右括号改变笔刷的大小，就在字母键P的右侧）。

步骤 2

放大图片，这样你可以更好地看到那些光斑，单击光斑，它就消失了（**图**8-26**中**我单击了一下左侧的一个光斑）。进行这个操作的时候，你会看到两个区域：轮廓线较深的区域显示的是要用修复画笔进行修复的区域，轮廓线较浅的是取样的区域。注意：如果操作出错，可以按Delete（PC：Backspace）键进行删除操作。一般来说，这个取样区域与你要修复的区域非常接近，但有时（我也不知道为什么），它会在一些奇怪的地方进行取样（比如说那扇窗）。一旦发生这种情况，我们可以有两种应对方法。

步骤 3

　　第 1 种方法是按下键盘上的 / 键。每次按下这个键，Lightroom 都会选择其他不同的取样区域，通常第 2 个或第 3 个选择相当不错。第 2 种方法是手动操作：单击取样圆圈，把它拖动到另一个地方。**图 8-27** 中，我把它拖动到右边，注意这里有一条小线段，箭头指向你要修复的区域。当将取样区域拖动到另一个新的区域后，松开鼠标，它就会自动进行修复。注意：如果修复的地方看上去是透明的，打开污点编辑面板（靠近右侧面板区域的上方）并将羽化值调低。有时候这些方法很奏效，所以当你的修复工作遇到棘手的问题时，可以使用 / 键或手动拖动的方式解决问题。

图 8-27

步骤 4

　　如果你想加快修复的过程，可以选择用修复画笔直接涂抹。在这个案例中，我们可以使用修复画笔的绘画功能直接在图像上"画画"，将要修复的区域完全覆盖。当你落笔时，那些画过的地方会变成白色（如**图 8-28** 所示），但那只是为了让你看清楚你已经画过的区域。松开鼠标一两秒后，它就会选择一个取样区域进行对照修复。同样的，这里也会出现一个大概的取样区域，如果修复效果不太好，就可以使用在步骤 3 中提到的两种方法进行实际的修复。

图 8-28

图 8-29

步骤5

这就是图像修复的过程，可能需要不少的时间。在图像中进行修复时，应当使用比要修复的污点大一点的笔刷，对较大的区域则应该使用直接涂抹的方式。不久，你的图像就会到处布满修改标记，如**图8-29**所示。在修复画笔处于激活状态下，你可以随意撤回操作，也可以右击圆圈删除它并再重设一个。

步骤6

图8-30是修改前后的对比图，大部分污点都已经被移除了（我没有全部移除，因为这个过程确实比较痛苦）。

图 8-30

8.8
简便地找出污点和斑点

当打印出一张漂亮的大幅图片后才发现其上布满了各种各样的传感器蒙尘、污点和斑点——没有什么事情比这个更糟糕了。如果拍摄风光照片或旅行照片，或许很难在蓝色或偏灰色的天空中发现这些斑点；如果在摄影棚的无缝背景纸上拍摄，情况可能更糟。而现在，Lightroom 中全新的功能可以使每一个细微的污点和斑点都凸显出来，你可以快速地将它们消除。

步骤 1

图 8-31 是在内华达州的塔霍湖拍摄的一张照片，可以看到天空中有几处污点和斑点，但是这些污点在该尺寸和平淡的天空背景下很难清楚地看到。如果这些污点在将照片打印在昂贵的相纸上之后才被发现，那就太糟糕了。

图 8-31

步骤 2

若想找出照片中所有的污点、斑点和蒙尘，请单击右侧面板区域顶部工具箱内的污点去除工具，如**图** 8-32 中工具箱处的红色圆圈所示。选中主预览区域正下方工具栏的显现污点复选框，可以得到图像的反转视图，这样就能立即发现更多的污点。

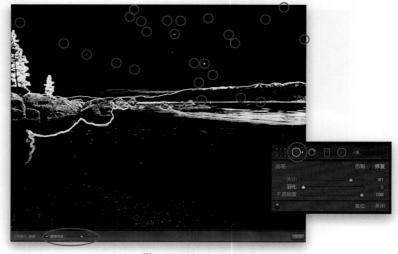

图 8-32

图 8-33

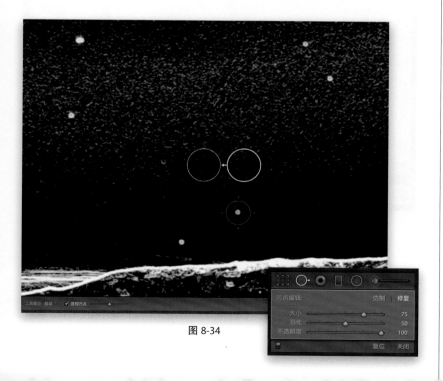

图 8-34

步骤 3

　　稍微放大照片，以便更好地看清污点。我同时还增加了显现污点的阈值，向右拖动显现污点复选框右侧的滑块，使污点凸显出来，但是又不至于使所有东西都突出，如图 8-33 所示。如果阈值太大，照片中的污点会看起来像雪花或杂色。

提示：选择画笔大小

　　使用污点去除工具时，你可以长按Command+Option（PC：Ctrl+Alt）组合键，单击并在污点周围拖出一个选区。这样做时它会放置一个起点，之后圆圈恰好拖过污点。

步骤 4

　　现在污点很容易就被看到，接下来请选择污点去除工具，直接在每个污点上单击一次以去除它们。图 8-34 中，大部分可见污点得以去除。使用大小滑块或左右括号键可以调整工具尺寸，使其比希望清除的污点稍大。完成操作后，取消勾选显现污点复选框，确保污点去除工具从一个可匹配的区域取样。如果某个污点取样不合理，请再单击取样圆圈，将其拖到匹配的区域。

步骤5

　　如果是相机传感器上的灰尘导致这些污点的出现，则不同照片的污点位置会完全相同。当去除所有污点后，确保校正的照片在胶片显示窗格中仍然处于被选中状态，然后选中本次拍摄中所有类似的照片，单击右侧面板区域的同步按钮，弹出同步设置对话框，如**图**8-35所示。首先单击全部不选按钮，使所有同步选项全部不被选中，然后选中处理版本和污点去除复选框（如**图**8-35所示），最后单击同步按钮。

图 8-35

步骤6

　　现在，其他所有选中的照片将会应用第1张照片使用的污点去除功能，如**图**8-36所示。若想查看应用的调整，请再次单击污点去除工具。我还推荐快速查看校正的照片，因为根据其他照片中拍摄对象的不同，这些修正会比之前修改的照片更加明显。如果看到照片中还存在污点修复问题，只需要在对应的圆圈上单击，然后按键盘上的Delete（PC：Backspace）键，再使用污点去除工具重新手动修复该污点即可。

图 8-36

提示：何时使用仿制

　　这个工具的污点校正有两种方式：仿制或修复。唯一需要使用仿制选项的情况是：需要清除的污点位于或非常靠近某个拍摄对象的边缘，或者靠近图像自身的外边缘。在这些情况下，使用污点去除通常会弄脏图像。

如果照片上存在红眼（因为相机的闪光灯和镜头靠得太近，所以导致出现红眼），在Lightroom中可以很容易地消除它，这样我们就不必为了消除一张邻居家6岁小孩玩耍时的照片中的红眼而转到Photoshop中进行处理了。以下是消除红眼的具体步骤。

8.9
消除红眼

图 8-37

图 8-38

步骤 1

请转到修改照片模块，单击红眼校正工具，它位于直方图面板正下方的工具箱内，该图标看起来像只眼睛，如**图 8-37** 中红色圆圈所示。用该工具在一只红眼的 中央单击并拖出一个选区，释放鼠标左键，红眼便立即被消除了。如果没有消除所有红色，可以转到红眼选项卡（一旦释放鼠标左键，它们就显示在面板中），单击并向右拖动瞳孔大小滑块（如**图 8-37** 所示），或者单击并拖动圆圈的边缘，改变选区的大小和形状。如果需要移动校正，只需单击并拖动圆圈选区即可。

步骤 2

现在对另一只眼睛进行同样的消除红眼处理（上一只眼会处于选中状态，但是新选中另一只眼之后，新选中的优先级会更高）。一旦单击并拖出选区，在释放鼠标左键之后这只眼睛也会被校正。如果这样处理使眼睛看起来太灰，可以向右拖动变暗滑块，使眼睛颜色看起来更深，如**图 8-38** 所示。通过移动这两个滑块（瞳孔大小和变暗），我们可以实时地看到其调整效果，而不必先拖动滑块，之后再重新应用该工具才看到效果。如果出现调整错误，想重新开始校正红眼，只要单击该工具选项右下角的复位按钮即可。

8.10
校正镜头扭曲问题

你是否拍摄过一些市区的建筑，它们看起来好像是向后倾斜的，或者是建筑物的顶部看起来比底部宽。这些类型的镜头扭曲其实相当普遍，尤其当你使用的是广角镜头时。幸运的是，我们在Lightroom中可以非常容易地修复它们，只是点点鼠标就能完成。

步骤1

打开一张存在镜头扭曲问题的照片。图8-39所示照片的建筑向外凸起，右侧被挤压。大部分这样的问题只需开启镜头配置文件校正就能修复，因为这样做可以搜索Lightroom内置的镜头修复数据库，并应用匹配的镜头来消除向外弯曲以及角落中的任何边缘渐晕（变暗）。如果找不到镜头配置文件，则你必须通过从镜头配置文件弹出菜单中选择镜头品牌和型号来帮助它，然后完成剩下的工作。如果你没有找到你的镜头怎么办？挑一个最接近的。

图 8-39

步骤2

进入修改照片模块，转到面板右侧的镜头校正面板，选中启用配置文件校正，通常能找到镜头配置文件并进行应用。虽然照片右侧的建筑仍处于压缩的状态，但向外凸出的问题已好转（可以看得出柱子已经变得垂直，不再弯曲，如图8-40所示）。即便修复不完所有缺陷，但选中该复选框可便于下一次修复。此外，此面板中数量区域的两个数量滑块可用于微调轮廓修正，虽然效果不明显，但肯定会有改进——来回拖动一次或两次可以看得到照片的变化。

图 8-40

图 8-41

图 8-42

步骤 3

此步骤非常重要，即使在步骤 2 中启用了镜头配置文件后照片会有改进。垂直这一修复功能的作用是使弯曲的建筑看起来更垂直。你可以在变换面板顶部（右侧面板区域）附近找到垂直按钮。在此面板中你将看到 6 个不同的按钮，但绝大部分时候我只单击自动按钮（如图 8-41 所示），因为它能做出最自然和最平衡的校正。（其他功能会过度校正，因为这是以牺牲整体形象为代价，而让建筑物的垂直线条完全变直，这其实是因小失大。）因此，单击自动按钮可以让照片内的物体和地平线平行，建筑的右侧不再被挤压。

步骤 4

如果单击完全按钮，在这特殊情况下它可以很好地理顺照片中那个极右端，使它不再受到挤压。但是，要做到这一点，它会在底部和左上方留下白色间隙，如图 8-42 所示。此面板底部有一个锁定裁剪复选框，选中它会自动裁剪图像，因此这些白色区域将被完全裁剪掉。在这种情况下，它会使你的图像看起来更细长，所以你可能想要考虑一个 B 方案。

步骤5

方案B是用裁剪叠加工具将一部分白色区域裁剪掉（裁剪边框外较暗的区域，如图8-43所示。之后我们可能会减少裁剪的区域，但现在先不考虑这个。另外两个Upright按钮为垂直和水平。垂直按钮能拉直照片，但经常会出现两块空隙。这当然没有问题，因为它考虑的只是你图片的一部分，而不是图片最后看上去的样子。我用垂直按钮的情况是最少的，因为它只会拉直照片，没有别的作用。不过，它对单纯只需要拉直的照片表现力很好，如果需要，也可以单击应用它。

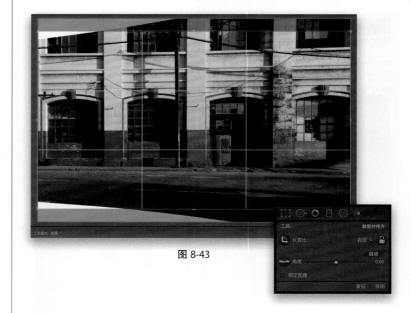

图 8-43

步骤6

这栋建筑仍然有点歪斜，并不完全平直（左边看起来有点扁）。你可以通过在变换面板中向左移动水平滑块解决这个问题，如图8-44所示。然后你会发现白色三角区域变小。水平滑块控制的是图像水平边与边之间的角度（前后拉动看看），垂直滑块则是解决垂直边的问题。如果图片变得太宽或太扁，你可以拖动长宽比滑块返回原来的样子。

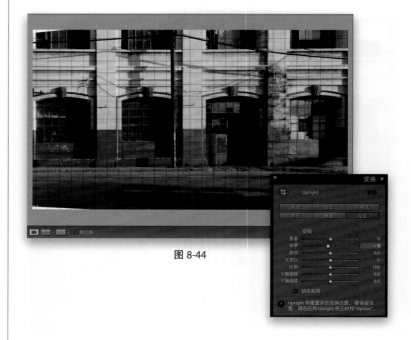

图 8-44

图 8-45

处理这些白色区域很简单，只需向右拖动比例滑块改变图片的大小（如**图 8-45**所示），比例滑块的拖动幅度不能太大，不然会过多放大照片尺寸或损坏照片的品质。

步骤 8

图 8-46 是修改前后的对比视图：我们打开一个倾斜的照片，单击完全按钮（这个按钮并不常用，自动按钮比较常用）拖动水平滑块让建筑变得平直，最后再用比例滑块放大图片，覆盖掉白色的区域。这样，这张图片看起来就和一开始的完全不一样了。

图 8-46

8.11
使用引导式功能手动校正镜头问题

如果不喜欢使用自动功能校正调整歪斜的图片，也可以使用手动调整的方法。

步骤 1

因为受到了超广角镜头和拍摄技术的限制，所以**图8-47**所示的图片有严重的倾斜问题。如果不采用自动功能校正，那么就该使用参考线进行手动调整了。打开右侧变换面板，单击引导式按钮（如**图8-47**所示），单击拖动出图像时，鼠标指针就会变成十字准线，并拖动出一条垂直的参考线，如**图8-47**所示。这时，你就可以在参考线的帮助下校正图片。另外，这些参考线的位置是可以随意变动的，如**图8-47**所示。

图 8-47

步骤 2

拖动图片中的直线，这里我从左边的边缘拉出一条参考线，这样这些墙面就会变得笔直，而下面则出现了白色三角区域（我之后会处理它们），如**图8-48**所示。好好欣赏这堵墙，再看看屋顶是否需要调整，如果需要，则用水平参考线进行调整。

图 8-48

图 8-49

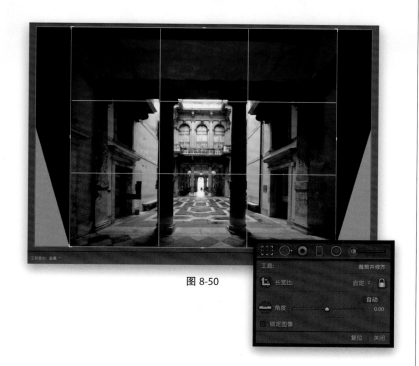

图 8-50

步骤 3

在图中拖出一条水平参考线，在本案例中，我将参考线分别设置在屋顶和地面上（如**图 8-49** 所示），当你拖出第 3 条、第 4 条参考线时，图像会自动进行调整。如果没有自动调整，按下 Command+Z（PC：Ctrl+Z）组合键撤销参考线，重新选定一个地方。在**图 8-50** 中，你可以看到 4 条参考线，而图像已经调整得非常笔直了。

步骤 4

有两种办法可以处理白色三角缺口：（1）用 Photoshop 中的内容感知自动填充功能，即使用魔棒工具（Shift+W 组合键）选中白色三角缺口，在编辑菜单中找到填充选项，选择内容识别填充，让系统自动填补空白区域；（2）使用 Lightroom 中的裁剪叠加工具裁剪掉这些区域，注意一定要在图像解锁的前提下进行裁剪（裁剪与拉直选项的右上方），这样这些白色区域就会被裁剪掉，接着按下 Return（PC：Enter）键确定裁剪。**图 8-51** 是裁剪前后对比图。

图 8-51

暗角是镜头在照片的边角上产生的问题，它会使照片的边角处显得比其余部分暗。这个问题通常在使用广角镜头时较明显，但其他镜头也有可能会引起这个问题。现在，有摄影师（包括我自己）喜欢夸大这种边缘变暗效果，并在人像拍摄中把它用作一种灯光效果，我们在第 6 章介绍过这一点。本节将介绍当出现边缘暗角时应该怎样校正它。

8.12
校正边缘暗角

步骤 1

图 8-52 所示照片的边缘很暗，还出现了阴影，这就是我所提到的糟糕的暗角。这个问题通常在使用广角镜头拍摄时出现，因此我把它归为镜头问题。无论镜头昂贵与否，都有可能出现暗角。

图 8-52

图 8-53

步骤 2

请在修改照片模块右边面板区域内向下滚动到镜头校正面板，单击顶部的配置文件，选中启用配置文件校正复选框（如图 8-53 所示），Lightroom 会尝试根据镜头制造商和型号（从嵌入图像的 EXIF 数据中读取）自动消除边缘暗角。由于照片中没有镜头信息，我们需要在制造商下拉列表中选择我们使用的镜头。有时候可能找不到对应的镜头配置文件（镜头配置文件选择下拉菜单不存在或空白），那么只需要选择菜单中与你镜头型号相近的型号即可。

步骤3

　　镜头校正后若仍存在暗角问题，则可以尝试移动数量区域下的暗角滑块进行调整（镜头校正面板底部）。这里我将数值设置在200（如**图8-54**所示），暗角仍有一点点残留，那么我们可以选择进行其他操作。

图 8-54

步骤4

　　单击手动选项卡，在面板底部的暗角区域有两个滑块：一个控制边缘区域的变亮程度，另一个调整4个边角变亮的效果向图片中央延伸的范围。在本案例中，照片上存在相当严重的边缘暗角，但没有向照片中央延伸太多。因此，请先单击数量滑块，并向右慢慢拖动，在拖动时要注意观察照片边角的变化。照片上4个边角将随着滑块的拖动而变亮，当其亮度与照片其余部分相匹配时停止拖动，如图8-55所示。如果暗角向照片中央延伸太多，就需要向左拖动中点滑块，使其变得更亮，覆盖更大的区域暗角修改前后的对比如**图8-56**所示。

图 8-55

图 8-56

8.13
锐化照片

在相机内拍摄的照片格式决定了Lightroom的细节面板（Adobe隐藏了锐化控件）显示的内容。如果拍摄JPEG格式的照片，则相机会对照片进行内部锐化，进入细节面板后数量会设置为0。但是如果拍摄的是RAW格式的照片，相机会关闭锐化功能，默认情况下Lightroom会应用少量锐化，但通常不够明显，因此需要自行调整锐化。

步骤1

　　要锐化图像，请转到修改照片模块中的细节面板，面板内有4个锐化滑块，如**图8-57**所示。如果编辑的照片是RAW格式，你会看到锐化量的默认值为25。因为拍摄RAW格式的照片时，相机会关闭内部锐化，所以Lightroom会自动将锐化数量调整为25，人眼几乎察觉不到这一改变。如果拍摄的照片是JPEG格式，照片会在相机中应用锐化，所以Lightroom会默认将锐化数量设置为0（如**图8-57**底部所示），并且不应用锐化。

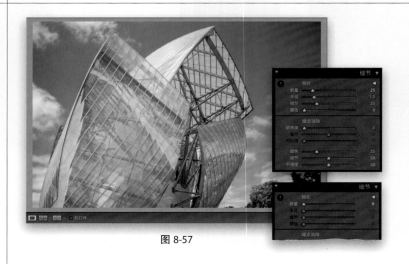

图 8-57

步骤2

　　在面板的顶部，有一个小的预览区域可以放大图像的特定区域（如果此预览窗口被隐藏，请单击画板顶部锐化右侧的黑色三角形）。如果将鼠标指针移动到预览区域上，鼠标指针会更改为"抓手"形状，可以单击并拖动图像。还可以单击面板左上角的小图标（**图8-58**中圆圈标注处），然后将鼠标指针移出图像，现在该区域将在预览窗口中显示为缩览图（若想固定住预览图像，只需单击主图像中的区域即可）。要关闭此功能，请再次单击该图标。如果要放大照片，可以在预览窗口内右击，然后从弹出菜单中选择2:1视图，如**图8-58**所示。

图 8-58

图 8-59

步骤 3

因为没有什么用处，我已经很多年没用过这预览窗口了。可以单击面板右侧的三角形按钮隐藏预览窗口，预览窗口被隐藏之后，左上方会出现一个警告符号（**图 8-59** 中红色圆圈标注处），提示你至少需要 100% 的全尺寸视图才能看到照片的锐化效果。好在该警告标志不仅仅是一个警告——如果直接点击这一警告标志，它会将图像调整为 1:1 的全尺寸视图，如**图 8-59** 所示。

步骤 4

数量滑块可以满足你的预期效果——它可以控制应用于照片的锐化量。在这里，我把数量增加到 130，这比通常应用得多（我通常将数量控制在 50～70 的范围内），因为我希望你能真正看到这张照片的差异。半径滑块能决定锐化对边缘的像素数的影响，我通常将此设置保留为 1.0；但如果需要更大的锐化，我会将其提升到 1.1 或 1.2。如果半径效果太强，物体的边缘周围会出现一条白线或硬边晕，所以调整半径需要小心，我通常会调整数量而不是半径。另外，我从不更改细节滑块。细节滑块起到的作用是避免色晕的出现，如果增加细节，它会消除你的光环保护并让光晕效果变得更强，所以我一般不会动细节滑块。照片锐化前后的对比如图 8-60 所示。

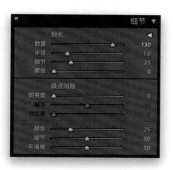

图 8-60

步骤5

　　在我看来，锐化部分的蒙版滑块是最神奇的滑块，因为它可准确控制应用锐化的区域。例如，锐化最难之处就是处理一些本应是柔和的元素，如肖像中的小孩皮肤或女性皮肤。如果这些元素因为锐化而纹理突出，将正是我们不愿见到的。但是，我们又需要锐化细节区域，如眼睛、头发、眉毛、嘴唇、衣服等。用蒙版滑块可以实现这一点，因为蒙版可以保护皮肤不被锐化。欲知蒙版是如何工作的，让我们切换到人像照片，如**图8-61**所示。

提示：关闭锐化

　　如果想暂时关闭在细节面板内所做的锐化，只需在细节面板标题最左端的切换开关上单击即可。

图 8-61

步骤6

　　首先，请按住Option（PC：Alt）键，在蒙版滑块上单击并保持，此时图像区域将变为纯白色，如**图8-62**所示。这说明锐化已经均匀地应用到了图像的每个部分，每个对象都得到了锐化。

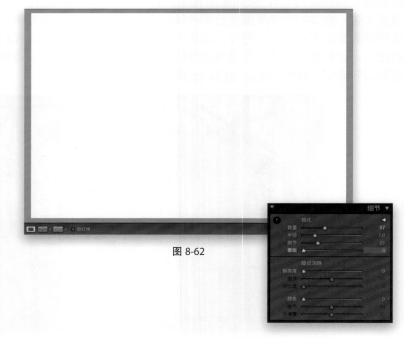

图 8-62

图 8-63

图 8-64

步骤7

当单击并向右拖动蒙版滑块时，部分照片开始变为黑色，这些黑色区域将得不到锐化。我们先会看到几个黑色斑块，随着滑块拖得越来越远，就有越来越多的非边缘区域变为黑色。图8-63中所示是我把蒙版滑块拖动到70时的效果，人物的大多数皮肤区域处于黑色，因此它们不会被锐化，但细节边缘区域，如眼睛、嘴唇、头发、鼻孔和轮廓等被完全锐化，因为这些区域仍然是白色的。因此，这些柔和的皮肤区域实际上是被自动加上了蒙版。

步骤8

释放Option（PC：Alt）键后，就会看到锐化效果，在图8-64中可以看到细节区域很清晰，但她的皮肤就像从没有锐化过一样。现在我要提醒你一点：在主体特征应该比较柔和的情况下我才使用这个蒙版滑块，因为这时我不想夸大纹理。

提示：锐化智能预览

如果对图像的低分辨率的智能预览应用锐化（或减少杂色），其应用的数量当前看起来可能刚刚好。但是当重新连接硬盘，预览与原始高分辨率文件连接后，锐化（或减少杂色）的数量将会看起来偏低。所以，最好在处理原始文件时再应用锐化（或减少杂色）。

8.14
校正色差（彩色边缘）

我们迟早会遇到这种问题，即主体周围反差强烈的边缘出现红色、绿色或者更可能是紫色的色晕或杂边（这些被称作"色差"）。如果使用的是非常廉价的数码相机，或者是采用非常廉价的广角镜头，很快就会发现这种情况，但即使是使用好相机或好镜头也会不时出现这种问题。幸运的是，这在 Lightroom 内很容易进行校正。

步骤1

让原始图像填满屏幕，你会看到一些彩色的杂边。将图像放大，你会看得更清楚。在 1:1 的全视图中很容易就看到这些杂边，如**图 8-65** 所示。

图 8-65

步骤2

接着我把建筑左边部分放大到 8:1，看看有些什么。你会看到好像是有人用细的黄色或绿色记号笔沿着左侧边缘绘图，用浅紫色记号笔沿着右侧边缘绘图一样。沿着窗口的对角线上还有蓝色记号笔一样的笔迹，如**图 8-66** 所示。

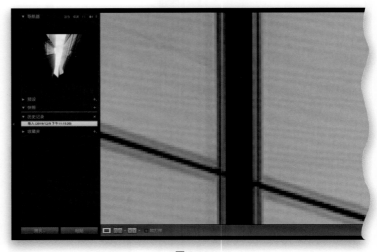

图 8-66

图 8-67

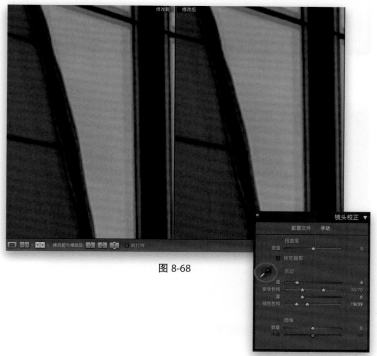

图 8-68

步骤 3

如果你的某张图片存在这种问题,首先请转到镜头校正面板,单击顶部的配置文件选项卡,然后放大显示存在彩色杂边的边缘区域到1:1,这样就能看到调整对圆柱边缘的影响。在镜头校正面板顶部选中删除色差复选框(如**图 8-67** 所示),几秒后问题就会被解决(**图 8-67** 中,那些黄色、绿色、紫色或蓝色的线条已经被移除了)。如果没有解决,请继续以下步骤。

步骤 4

单击面板顶部的手动选项卡(配置文件右边),在除去杂边区域中稍微向右拖动数量滑块,以删除紫色的杂边,如图8-68所示。然后,移动紫色色相滑块,所有参与的颜色都位于滑块两端之间。用绿色色相和量滑块进行相同的操作。如果你不知道该移动哪些滑块,可以让Lightroom为你设置,你只要选择颜色选择器工具(**图 8-68** 中红色圆圈内的滴管图标),然后直接单击一次彩色的边缘即可。现在,滑块就自动去除彩色的杂边了。

8.15
Lightroom 内的基本相机校准

一些相机似乎在照片上放置了自己的颜色签名，如果你的相机属于这种类型，则可能发现所有照片内的阴影都带一点红色或绿色。即使相机能够产生精确的颜色，我们也可能需要调整 Lightroom 对 RAW 格式图像颜色的解释方式。全面精确的相机校准处理有点复杂，也超出了本书的介绍范围，但我在本节想介绍一些相机校准面板的功能，使你对颜色的处理达到一个新的水平。

步骤 1

相机校准并不是每个人都必须掌握的内容。事实上，大多数人从未尝试过基本的校准操作，因为他们没有遇到过严重的颜色一致性问题。因此，这里只是简要介绍相机校准面板中最基本的功能。打开照片之后转到修改照片模块的相机校准面板，它位于右侧面板区域的最底部，如**图 8-69** 所示。（如果这是常用功能的话，Adobe 会将其置于顶部的，对吧？）

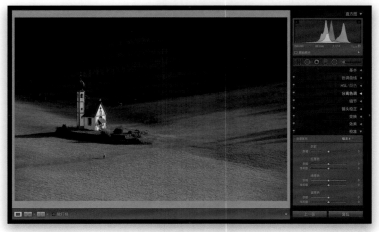

图 8-69

步骤 2

最上面的滑块用于调整相机可以向照片阴影区域添加的任何色彩。如果确实增添了色彩，则通常应该是绿色或洋红色，观察色调滑块自身内的色条，就能够知道应该向哪个方向拖。这里我把色调滑块拖离绿色，朝洋红色方向拖，以降低阴影区域内存在的绿色色偏，但对于这幅照片而言，变化很细微，如**图 8-70** 所示。

图 8-70

图 8-71

步骤3

如果颜色问题不是出现在阴影内，则要使用红原色、绿原色、蓝原色部分的滑块调整色相和饱和度，这些滑块显示在每种颜色下方。假若相机拍摄的照片存在一点儿红色色偏，则我们要把红原色部分的色相滑块拖离红色。如果需要降低照片内红色的总体饱和度，则需要向左拖动红原色饱和度滑块，直到颜色看起来自然为止。这里所说的自然是指灰色应该是纯正的灰色，而不是略带红色的灰色。

图 8-72

步骤4

修改满意后，这个新的色彩校正设置就可以应用在同一个相机拍出来的照片上。请按Command+Shift+N（PC：Ctrl+Shift+N）组合键打开新建修改照片预设对话框，为预设命名，单击全部不选按钮，再选中校准和处理版本复选框并单击创建按钮。现在，我们不仅可以在修改照片模块和快速修改照片面板内应用这个预设，而且还可以从导入照片对话框的修改照片设置下拉列表内选择它，把它应用到从该相机导入的所有照片中（如图8-72和图8-73所示）。

图 8-73

摄影师：斯科特·凯尔比 ｜ 曝光时间：1/125s ｜ 焦距：175mm ｜ 光圈：f/8

第 9 章

导出照片

- 把照片保存为 JPEG 格式
- 为照片添加水印
- 在 Lightroom 中通过电子邮件发送照片
- 导出原始 RAW 格式照片

9.1
把照片保存为
JPEG 格式

因为 Lightroom 中没有像 Photoshop 那样的存储命令，所以我常遇到的一个问题就是：怎样把照片保存为 JPEG 格式？在 Lightroom 内，虽然不能把它保存为 JPEG 格式，但可以把它导出为 JPEG（或者 TIFF、DNG、PSD）格式。这个过程很简单，并且 Lightroom 还增加了一些自动功能，使照片的导出操作更加方便快捷。

步骤 1

首先选择我们想把哪些照片导出为 JPEG（或者 TIFF、PSD 、DNG）格式。可以在图库模块的网格视图或者在任意模块的胶片显示窗格中，按住 Command（PC：Ctrl）键并单击需要导出的所有照片，如**图 9-1** 所示。

图 9-1

步骤 2

如果在图库模块内，则请单击面板区域底部的导出**按钮**，如**图 9-2** 所示中红色圆圈所示。如果处在其他模块内，可以在胶片显示窗格中选择要导出的照片，然后使用 Command+Shift+E（PC：Ctrl+Shift+E）组合键。无论选择哪种方法，都可以打开**导出**对话框。

图 9-2

图 9-3

从导出下拉菜单中选择导出照片的保存位置

图 9-4

勾选存储到子文件夹复选框将照片保存到特定的子文件夹中

图 9-5

步骤 3

在导出对话框的左侧，Adobe 提供了一些导出预设，其目的是用来避免每次都要从头开始填写整个对话框。Adobe 仅提供了少量预设，但我们可以创建自己的预设（这些预设将显示在用户预设选项下）。Lightroom 的内置预设至少可以作为我们创建自己预设的良好起点，所以现在请选择刻录全尺寸 JPEG 预设，它填充了一些典型设置，这些设置可以用来将照片导出为 JPEG 格式，并把它们刻录到光盘上。然而，我们还要自定这些设置，以便使文件按照我们要求的方式导出到我们想要的位置，然后把自定设置保存为预设，免得每次需要时都执行这些操作。如果不把这些图像刻录到光盘，只是想将这些 JPEG 文件保存在计算机的一个文件夹中，则请转到对话框顶部，从导出到下拉列表中选择硬盘，如图 9-3 所示。

步骤 4

我们从对话框顶部开始介绍。首先，在导出位置区域需要告诉 Lightroom 把这些文件保存到哪里，如图 9-4 所示。单击导出到下拉列表，将弹出一个用来选择保存文件的位置列表。如果打算创建预设，则选择以后选择文件夹（适用于预设）就很有用，因为它允许在导出过程中选择文件夹。如果想选择一个不在这个列表中的文件夹，则请选择指定文件夹，然后单击选择按钮，导出到期望的文件夹。在指定文件夹位置下方还可以选择将图像保存到特定的子文件夹，如图 9-5 所示。这样，现在我的图像将出现在计算机上一个名为"照片"的文件夹内。如果这些是 RAW 格式文件，而你希望将导出的 JPEG 格式文件添加到 Lightroom 中，则请选中添加到此目录复选框。

步骤 5

　　下一部分是文件命名，它很像前面关于导入的章节中已经介绍过的文件命名功能。如果不想重命名导出文件，只想保留它们的当前名称，则可以取消选中重命名为复选框。如果要重命名文件，则请选择一种内置模板，或者如果你创建了自定文件命名模板，它也会显示在这个列表中。在我们的例子中，我选择了自定名称 - 序列编号格式（它自动向我自定的名称末尾添加序列号，序列号从 1 开始），如**图 9-6** 所示。此外，还有一个下拉列表，用于选择以大写（.JPG）或小写（.jpg）形式显示文件扩展名。

图 9-6

步骤 6

　　假设要导出整个图像收藏夹，收藏夹中包含一些用 DSLR 拍摄的视频剪辑，并且你希望这些视频剪辑包含在导出文件中，请在视频区域选中包含视频文件复选框，如**图 9-7** 所示。在这个复选框的正下方你可以选择视频格式（H.264 是高度压缩格式，用于在移动设备上播放；DPX 通常用于表现视觉效果）。下一步，选择视频的品质。选择最高将会尽可能地接近原视频，选择高也不错，但速度可能会变慢。如果打算将视频发布在网页上，或者在高端平板设备上观看，请选择中；如果在其他移动设备上观看，则选低。你可以通过查看品质下拉列表右侧的目标尺寸和速率来了解不同的格式和品质选择产生的不同。当然了，如果导出时没有视频被选中，则这部分将会以灰色呈现。

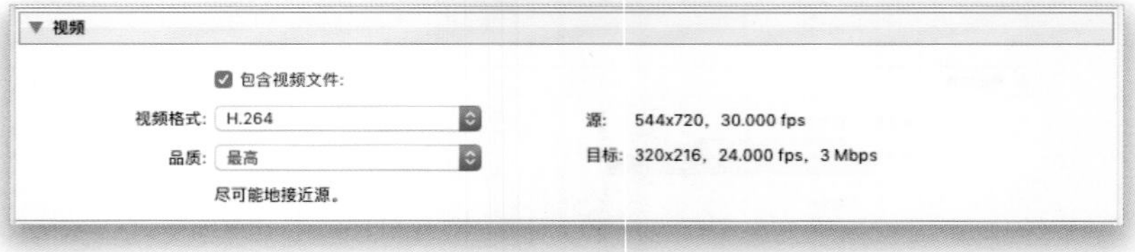

图 9-7

图 9-8

调整图像大小这一步可以跳过，除非要保存的图像需要比原始图像小

图 9-9

步骤 7

在文件设置区域，可以从图像格式下拉列表中选择照片的保存格式。（因为我们选择了刻录全尺寸 JPEG 预设，所以这里 JPEG 格式已经被选，但你可以选择 TIFF、PSD、DNG 格式。或者，如果你有 RAW 格式文件，也可以选择原始格式导出原始 RAW 格式照片。）因为我们要保存为 JPEG 格式，所以会有一个品质滑块，品质越高，文件尺寸越大。我通常将品质的数值设置为80，我认为这能够在图像品质和文件大小之间取得很好的平衡，如**图 9-8**所示。如果我打算把这些文件发送给没安装 Photoshop 的人，则在色彩空间下拉列表中选择 sRGB。如果选择 PSD、TIFF 或 DNG 格式，则在文件设置区域会显示出它们相应的选项，如色彩空间、位深度和压缩设置等。

步骤 8

默认情况下，Lightroom 将以全尺寸导出照片。如果想让它们变小些，请在调整图像大小区域选中调整大小以适合复选框，然后键入需要的宽度、高度和分辨率。也可以通过从顶部的下拉列表中选择像素尺寸、图像的长边、图像的短边或图像的像素数等调整图像尺寸，如**图 9-9**所示。

步骤9

如果要在其他应用程序中打印这些图像，或者将它们发布到网络上，则可以通过选中输出锐化区域的锐化对象复选框添加锐化处理。它将根据导出的照片是仅用于屏幕显示（在本例这种情况下要选择屏幕）还是打印（要选择打印的纸张类型，亚光纸或高光纸）应用合适的锐化。对于使用喷墨打印机打印的图像，锐化量我通常选择高，这在屏幕上看起来有点锐化过度，但在纸张上它看起来正好（对于放在网络上的图像，锐化时我通常选择标准，如**图**9-10所示）。

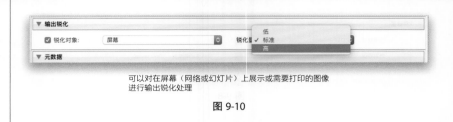

可以对在屏幕（网络或幻灯片）上展示或需要打印的图像
进行输出锐化处理

图 9-10

步骤10

在元数据区域，你可以先选择哪些元数据随照片一起导出：所有元数据；除相机和Camera Raw之外的所有信息，它将会隐藏所有曝光设置、相机的序列号和其他客户可能不需要知道的信息；仅版权和联系信息，如果添加了版权信息，可能还需要添加你的联系方式，让那些想使用你照片的人方便联系到你；仅版权；除Camera Raw之外的所有信息。即使你选择了导出所有元数据或者除相机和CameraRaw之外的所有信息，你仍然可以通过选中删除人物信息和删除位置信息复选框来删除所有个人信息或GPS数据，如**图**9-11所示。

要对导出的图像添加水印，请勾选添加水印区域中的水印复选框，然后从下拉列表中选择简单版权水印或者你保存的水印预设即可，如**图**9-12所示。

图 9-11

图 9-12

图 9-13

图 9-14

步骤 11

　　后期处理区域用于决定文件从 Lightroom 导出后执行什么操作，如**图 9-13** 所示。如果从导出后下拉列表中选择无操作，它们将只是保存到开始选择的文件夹中；如果选择在 Adobe Photoshop 中打开，它们导出后将自动在 Photoshop 中打开；还可以选择在其他应用程序中打开，它们导出后将自动在某个 Lightroom 插件中打开；选择现在转到 Export Actions 文件夹，将打开 Lightroom 用于储存 Export Actions（导出后的动作配置文件）的文件夹。所以如果你想从 Photoshop 中运行一批操作，可以创建快捷批处理，并将其放在这个文件夹中。之后，这个快捷批处理将出现在导出后下拉列表中，选择它将会打开 Photoshop 并对所有从 Lightroom 导出的照片运行批动作。

步骤 12

　　现在已经按照我们想要的方式进行了定制，让我们把这些设置保存为自定预设。这样，下次想导出 JPEG 格式照片时就不必再次重复这些操作。现在，我建议再做一些修改以使该预设更有效。如果现在立刻把这些设置保存为预设，在使用它把其他照片导出为 JPEG 格式时，这些照片将被保存在同样的文件夹中。而这里选择以后选择文件夹（适用于预设）（如**图 9-14** 所示）是个好主意，就像我们在步骤 4 中介绍的那样。

步骤13

如果始终想把导出的JPEG格式文件保存在指定文件夹中，请回到导出位置区域，单击选择按钮并选择指定的文件夹。现在如果将照片以JPEG格式导出到该文件夹，而该文件夹中已经存在同名照片（也许是上次导出的）会发生什么情况？Lightroom是自动用现在导出的新文件覆盖原有文件，还是把这个新文件命名为不同的文件名，使它不会删除该文件夹中的现有文件呢？我们可以使用现有文件下拉列表选择为导出的文件选择一个新名称，如**图9-15**所示。这样，就不会不小心覆盖原想保留的文件。顺便提一下，当选择跳过时，如果发现该文件夹中已经存在同名文件，则不会导出JPEG图像，只是跳过它。

提示：使用预设时重命名文件

导出照片前一定要给文件一个新的自定名称，否则为橄榄球比赛拍摄的照片将被命名为Trinity Church-1.jpg、Trinity Church-2.jpg等。

图 9-15

步骤14

现在你可以将自定设置保存为预设。单击该对话框左下角的添加按钮（如**图9-16**中红色圆圈所示），然后给新预设命名，本例中，我把它命名为"高分辨JPEG文件/保存到硬盘"，这个名称说明了将导出的文件以及导出文件的保存位置。

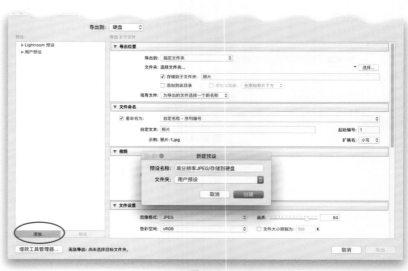

图 9-16

图 9-17

图 9-18

步骤 15

单击创建按钮之后，预设就会被添加到预设部分（在对话框左侧的用户预设下），现在，我们就能以自己创建的方式导出 JPEG 格式照片。如果想修改预设（在本例中，我将色彩空间更改为 ProPhoto RGB，并取消选中水印复选框），则可以右击预设，从弹出菜单中选择使用当前设置更新（如图 9-17 所示）来修改预设。这时，如果想创建第 2 个自定预设——导出联机 Web 画廊所用 JPEG 文件的预设，你需要把图像尺寸分辨率降低到 72 ppi，把锐化对象修改为屏幕，锐化量设置为标准，把元数据设置为仅版权和联系信息，可能还要再选中水印复选框以防别人滥用你的图像。之后单击添加按钮创建新的预设，把它命名为"导出网页 JPEG 格式"之类的名称。

步骤 16

创建自己的预设之后，在导出时可以完全跳过导出对话框，为节约时间我们只需选择想要导出的照片，之后转到 Lightroom 的文件菜单，从使用预设导出子菜单下选择想要的导出预设（在这个例子中，我选择导出网页 JPEG 格式预设，如图 9-18 所示，这样就可以直接导出照片了。

9.2
为照片添加水印

如果要将照片发布到网站上，就没有太多手段可以防止别人窃用。限制非授权使用图像的一种方法就是添加可见水印，这样，如果有人将水印清除，就能明显看出这是从别人的作品中窃取的。除了保护图像外，许多摄影师还使用水印作为摄影工作室的标志和营销手段，以下是向照片添加水印的具体步骤。

步骤1

要创建水印，请按Command+Shift+E（PC：Ctrl+Shift+E）组合键打开导出对话框，然后转到添加水印区域，选中水印复选框，并从下拉列表中选择编辑水印，如**图**9-19所示。注意：不仅在将图像导出为JPEG、TIFF等格式时可以添加水印，在打印模块内或者将其放到Web模块内时也可以添加这些水印。

图 9-19

步骤2

选择编辑水印选项之后将弹出一个水印编辑器（如**图**9-20所示）对话框，在这里既可以创建简单的文本水印，也可以将图形（可能是摄影工作室的标志，或者是在Photoshop中创建的一些自定义水印图形）导入为水印。请在右上角（如**图**9-20中红色圆圈所示）选择水印样式：文本或图形。默认情况下，它会显示计算机上用户配置文件中的名称，因此该对话框底部的文本字段中会显示我的版权。这个文本将同时显示在图像的左下角和下方的文本框中。你还可以调整文本与角落的偏移量，我将在步骤4中介绍具体的操作方法。我们先来讲解如何定制文本。

图 9-20

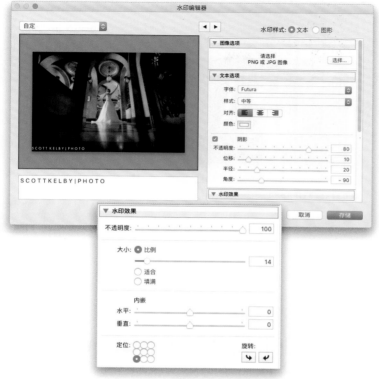

图 9-21

图 9-22

步骤 3

在**图 9-21**所示文本框中输入摄影工作室的名称，然后在对话框右侧的文本选项中选择字体。本例中，我选择 Futura 字体和常规样式。顺便提一下，图中分隔 SCOTT KELBY 和 PHOTO 的细线是一个称作"管道"的文本字符，按 Shift+\ 组合键可以创建它。此外，为了在字符间留一些间隔，我在每个字符之后都按了空格键。在这里还可以选择文本的对齐方式：左对齐、居中和右对齐。同时，单击色板选择字体颜色。要改变输入文本的大小，请转到水印效果区域，设置水印填充到图片中的大小，如**图 9-21**所示。还可以将鼠标指针移动到图像预览区的文本上，将会显示出一个小角柄，单击并向外拖动将使文本变大，向内拖动将使文本变小。

步骤 4

我们在水印效果区域选择水印的位置，在该部分底部有一个定位网格，显示水印的放置位置。如果要将其移动到右下角，请单击右下角的定位点（如**图 9-22**所示）；如果要将其移动到图像中央，请单击中央的定位点，依此类推。如果想转换为垂直水印，则可以使用定位网格右侧的两个旋转按钮。此外，在步骤 2 中我提到可以使文本产生偏移，使其不会紧贴图像边缘，此时只需拖动位于定位网格正上方的垂直和水平滑块。移动它们时，预览窗口中将显示细小的位置指示条，因此可以方便地看到文本将要放置的位置。最后，拖动该部分顶部的不透明度滑块可以控制水印的透明程度。

步骤5

如果要将水印放置到较浅的背景上，则可以使用文本选项中的阴影控件给文本添加投影，如图9-23所示。不透明度滑块控制阴影的暗度；位移滑块控制阴影出现在距离文本多远处（向右拖动得越远，阴影距离文本将越远）；半径滑块控制阴影的柔和度，将半径设置得越高，阴影的柔和度就越高；角度滑块用来选择阴影出现的位置，默认设置-90将使阴影处于右下方，而设置为145将使阴影位于左上方，依此类推，只需拖动该滑块即可看到它对阴影位置的影响。要查看阴影效果是否变得更好，可以切换几次阴影复选框开关进行观察。

图 9-23

步骤6

现在我们来处理图形水印，如摄影工作室的标志。水印编辑器支持JPEG或PNG格式的图形图像，因此一定要将标志设计为这两种格式之一。请转到图像选项区域，单击选择按钮，找到标志图形（如**图9-24**中上方图形所示），然后单击选择按钮，图形将显示出来（遗憾的是，可以看到标志后面的白色背景，但下一步中我们将处理它）。图形水印中使用的控件和文本水印中所使用的控件大体相同，转到水印效果区域（如**图9-24**所示），向左拖动不透明度滑块使图形变得透明，并使用大小滑块改变图标的尺寸。内嵌部分的滑块可以把标志移离边缘，而定位网格则可以在照片的不同位置中定位图形。注意：文本选项区域的各控件都变灰，此时不能进行编辑，因为当前处理的是图形。

图 9-24

（a）在 Photoshop 中，这个标志带有白色的背景图层，因此将其在 Lightroom 水印编辑器打开时，标志后面会出现白色背景

（b）将背景图层拖到垃圾桶图标上，然后将文件保存为 PNG 格式，现在标志的背景就是透明的

图 9-25

图 9-26

步骤7

　　为了使白色背景变透明，必须在 Adobe Photoshop 中打开该标志的图层文件（如**图9-25（a）**所示），并完成下面两项操作：（1）将背景图层拖曳到图层面板底部的垃圾桶图标上，删除背景图层，仅将图形和文字保留在透明图层上；（2）将这个 Photoshop 文件保存为 PNG 格式，将其保存为一个独立文件。图像显得像拼合了一样，但标志后面的背景将变透明，如**图9-25（b）**所示。

步骤8

　　现在选择这个新的 PNG 格式的标志文件，将其导入后，它显示在图像下方，但白色背景已不存在，如**图9-26**所示。现在可以在水印效果区域对标志图形重新设置大小、定位并修改标志图形的透明度。设置完毕后将其保存为水印预设，这样可以再次使用它，并可以在打印和 Web 模块中应用它。要保存为预设，请单击该对话框右下角的存储按钮，或者从该对话框左上角的下拉列表中选择将当前设置存储为新预设。保存好预设后，现在我们就可以一键添加水印了。

9.3
在 Lightroom 中通过电子邮件发送照片

在 Lightroom 3 中，通过电子邮件发送照片的过程十分烦琐，如需要为电子邮件应用程序创建别名/快捷方式，并将它们放置在 Lightroom 某个文件夹中，等等。这虽然能解决问题，但是麻烦得很。而现在这个功能已经内置到 Lightroom 中了，操作非常便捷。

步骤 1

在网格视图中，按住 Command（PC：Ctrl）键并单击想要发送的图像。然后转到文件菜单，选择通过电子邮件发送照片（如**图 9-27**所示），以打开 Lightroom 的电子邮件对话框。

步骤 2

在对话框中你可以输入收件人的电子邮箱，在电子邮件主题栏中输入主题信息，它将选择你的默认电子邮件应用程序。你也可以从发件人弹出菜单中选择不同的电子邮件应用程序。在附加的文件区域你还能看到选中图片的缩览图，如**图 9-28**所示。

提示：如何解决未被列出的邮箱供应商

从弹出菜单中，选择转到电子邮件账户管理器。单击左下角的添加按钮，当出现新账户对话框时，从服务提供商弹出菜单中选择你的电子邮件提供商。如果未列出你想要的域名，请选择其他，然后自行添加服务器设置。在凭据设置部分添加电子邮件地址和密码（验证账户和密码是否正确），电子邮件服务器将添加到发件人弹出菜单中。

图 9-27

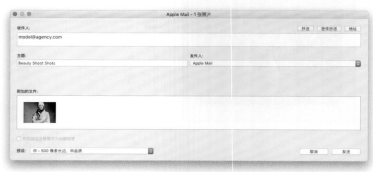

图 9-28

图 9-29

图 9-30

步骤3

你还得选择发送照片的实际尺寸，如果你添加太多全尺寸照片，可能会因为尺寸过大被退回邮件。在对话框左下角（如**图9-29**所示）可以选择4种内置预设，从中可以选择照片的尺寸和品质。如果你为电子邮件发送照片创建过预设，它们也将在此出现。如果现在想创建一个预设，请选择弹出菜单底部的创建新预设选项，这将打开导出对话框。只需输入期望的设置并将其保存为一个预设（点击导出对话框左下角的添加按钮），现在预设将会出现在电子邮件的预设下拉列表中。

步骤4

当单击发送按钮时，你的邮件应用程序会自动将所有输入到Lightroom电子邮件对话框中的信息（如地址、主题等）添加进去，然后按照选择的尺寸和品质将照片添加到附件，如**图9-30**所示。你只需要单击电子邮件应用程序中的发送按钮，照片就发送出去了。

提示：使用两个电子邮件预设

Adobe在Lightroom的导出对话框中已经加入了两个电子邮件预设：一个可以打开常规电子邮件对话框，就是我们刚刚学习的那个（被称为适用于电子邮件）；另一个预设仅将照片保存到硬盘中，之后可以用电子邮件发送（手动）。若想将照片保存，用于之后电子邮件的发送，请转到文件菜单，在导出预设下选择适用于电子邮件（硬盘）。它会询问你希望将照片保存到哪个文件夹，请选择一个，然后它会按照要求以小尺寸（像素为640×640，品质设置为50）和JPEG格式保存在指定文件夹中。

9.4
导出原始 RAW 格式照片

目前为止，本章所完成的操作都是基于我们在 Lightroom 内对照片的调整，然后把它导出为 JPEG、TIFF 等格式。但是，如果想导出原始 RAW 格式照片应该怎么办？本节将介绍其实现方法，我们还可以选择是否导出包含在 Lightroom 中添加的关键字和元数据。

步骤 1

单击要从 Lightroom 导出的 RAW 格式照片。在导出原始 RAW 格式照片时，在 Lightroom 中对它所应用的修改（包括关键字、元数据甚至在修改照片模块内所做的修改）都被存储在单独的文件中，这个文件被称作 XMP 附属文件。因为不能直接把元数据嵌入 RAW 格式文件自身内，所以需要将 RAW 格式文件及其 XMP 附属文件看作一组文件。现在请按 Command+Shift+E（PC：Ctrl+Shift+E）组合键打开导出对话框，如**图 9-31** 所示。单击刻录全尺寸 JPEG 预设以获得一些基本设置。从最上面的导出到下拉列表中选择硬盘，之后在导出位置区域选择这个原始 RAW 格式文件的保存位置（我选择桌面）。在文件设置区域，从图像格式下拉列表中选择原始格式，如**图 9-31** 中红色圆圈所示。当选择导出为原始 RAW 格式文件时，其余大多数选项变为灰色（不可编辑）。

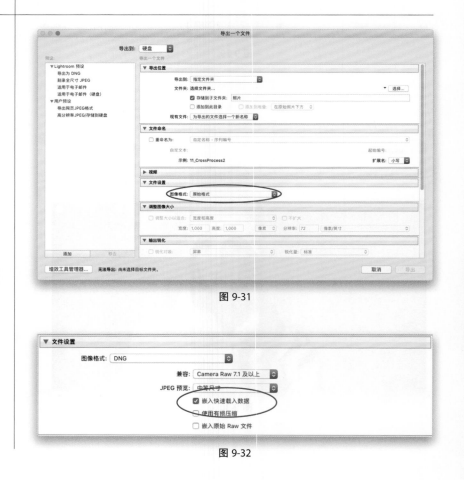

图 9-31

图 9-32

提示：将 RAW 格式照片另存为 DNG 格式

从图像格式下拉列表中选择 DNG，展开 DNG 选项，如图 9-32 所示。嵌入快速载入数据影响预览图在修改照片模块中出现的速度，它为文件增加了一点尺寸。使用有损压缩对 RAW 格式照片的影响相当于 JPEG 压缩对其他格式照片的影响，它丢掉了一部分信息，使文件尺寸缩小大概 75%，适用于存档那些客户未选择但自己不想删除的图像。

图 9-33

这张图像在对比度、高光、阴影、清晰度和白平衡等方面都进行过调整，包含 XMP 附属文件时，添加了拆分调色的效果

图 9-34

这张是原始图像，没有在对比度、高光、阴影、清晰度和白平衡等方面进行过调整，包含 XMP 附属文件时，没有拆分色调的效果

图 9-35

步骤 2

　　现在单击导出按钮，因为不需要实现任何处理，所以几秒钟之后文件就会显示在桌面上（或者你选择的任何其他位置），随后将会看到我们的照片文件及其 XMP 附属文件，如**图 9-33** 所示。只要这两个文件保持在一起，支持 XMP 附属文件的其他程序，如 Adobe Bridge 和 Adobe Camera Raw 就会使用该元数据，因此其中就具有我们对照片应用的所有修改。如果把该文件发送给其他人或者刻录到光盘，一定要同时包含照片和 XMP 附属这两个文件。如果决定让该文件不要带有我们对照片所做过的编辑，则不要包含 XMP 附属文件。

步骤 3

　　将原始 RAW 格式文件导出，在 Camera Raw 中打开，如果提供了 XMP 附属文件，在 Lightroom 中所做的所有编辑都可见，如**图 9-34** 所示。其中照片的对比度、阴影、白色色阶、黑色色阶和鲜艳度都被调整过，并添加了裁剪后暗角的操作。**图 9-35** 是没有包含 XMP 附属文件时照片在 Camera Raw 中的显示效果，是未经修改的原始文件。

第10章
转到Photoshop中进行处理

- 选择将文件发送到Photoshop
- 怎样跳入/跳出Photoshop
- 保持Photoshop的多个图层不变
- 向Lightroom工作流程中添加Photoshop自动处理

10.1 选择将文件发送到 Photoshop

将照片从 Lightroom 转到 Photoshop 中进行编辑时，默认情况下 Lightroom 会以 TIFF 格式创建文件副本，并在其中嵌入 ProPhoto RGB 颜色配置文件，将位深度设置为 16 位/分量，分辨率设置为 240 ppi。然而，如果你想进行一些不同的设置，可以选择将你的文件发送到 Photoshop 的方式——将照片以 PSD（我的发送方式）或 TIFF 格式发送，选择它们的位深度（8位/分量或16位/分量），以及当图像离开 Lightroom 时嵌入的颜色配置文件。

步骤 1

按 Command+，（PC: Ctrl+，）组合键打开 Lightroom 的首选项对话框，在对话框顶部单击外部编辑选项卡，如**图 10-1** 所示。如果你的计算机上安装了 Photoshop，Lightroom 将把它选择为默认的外部编辑器，因此你可以在对话框顶部选择把照片发送给 Photoshop，所使用的文件格式我选择 PSD 格式，因为这种文件远比 TIFF 格式文件小，之后从色彩空间下拉列表中选择文件的色彩空间（一般默认为 ProPhoto RGB，如果保持其设置不变，则要将 Photoshop 的颜色空间也修改为 ProPhoto RGB。无论选择哪种，在 Photoshop 内要使用相同的颜色空间，使它们保持一致）。位深度默认选择 16 位/分量，以获得最佳效果（但多数情况下我个人使用8位/分量位深度）。分辨率我保持其默认设置 240ppi 不变。

步骤 2

对话框底部有一个堆叠原始图像复选框，我建议保持其被选中的状态，因为它可以将照片编辑过的副本文件放置在原始文件旁边，当你返回 Lightroom 时很容易找到它们。最后，你可以选择应用于从 Lightroom 发送到 Photoshop 的照片的名称。从首选项对话框底部的外部编辑文件命名下拉列表中选择命名模板，这与导入对话框内的命名选项基本相同，如**图 10-2** 所示。

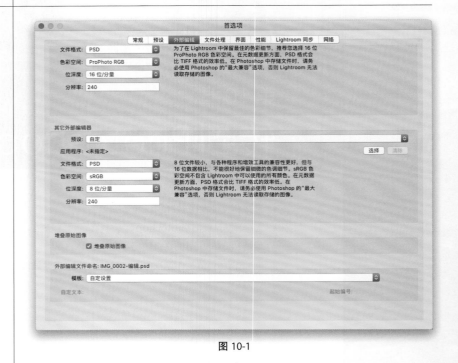

图 10-1

图 10-2

虽然在Lightroom中能出色地完成大部分日常编辑工作，但它不能实现特殊效果和主要的照片修饰处理，它没有图层、滤镜，功能也很有限，无法完成许多Photoshop可以完成的任务。因此，在你的工作流程中需要多次跳转到Photoshop实现一些操作，之后再回到Lightroom中进行打印或展示。

10.2
怎样跳入/跳出Photoshop

20秒教程

若想将照片转入Photoshop中进行处理，请进入照片菜单，在在应用程序中编辑子菜单中选择在Photoshop中编辑（如**图10-3**所示），或者只需按Command+E（PC：Ctrl+E）组合键，Lightroom将会把图像副本发送到Photoshop。然后，你就可以在Photoshop中对照片进行任意处理，最后存储图像，关闭窗口，返回到Lightroom。

步骤1

现在按Command+E（PC：Ctr+E）组合键在Photoshop中打开图像。如果你的照片是以RAW格式拍摄的，它仅将照片的一个副本"借"给Photoshop，供其打开。但是，如果照片是以JPEG或TIFF格式拍摄的，则将打开使用Photoshop.exe编辑照片对话框（如**图10-4**所示），从中可以选择：（1）编辑含Lightroom调整的副本，连同Lightroom中应用到该副本的所有修改和编辑将被发送到Photoshop；（2）编辑副本，让Lightroom创建原来未修改照片的副本，并把它发送给Photoshop；（3）编辑原始文件，在Photoshop内编辑原始的JPEG或TIFF格式照片，不包含到目前为止在Lightroom内所做的任何修改。因为我们编辑的是JPEG文件，所以选择第1个选项，然后编辑在Lightroom中调整过的副本。

图 10-3

图 10-4

步骤 2

　　图 10-5 是在 Photoshop 中打开的图像副本。我们要尝试把两张照片叠加在一起，这是一种多重曝光效果：一张图像混合到另一张的形状里（在网络广告、网站横幅上随处可见，是一种较为流行的特效）。首先从工具栏中单击快速选择工具（或按快捷键 W；红色圆圈标注处），可以单击选项栏中的选择主题按钮（**图** 10-5 中圆圈标注处，此功能的效果非常好），让 Photoshop 选中拍摄主体，或者你也可以自行绘制选区，选中拍摄主体。无论哪种方式，拍摄主体的周围都会显示选中轮廓，如**图** 10-5 所示。如果绘制选区，可以按 Command+ + （PC：Ctrl+ + ）组合键来放大图像，按键盘上的（键缩小画笔，按）键放大画笔，便于选中细节区域。这一工具很好用，不会花费太长时间。顺便说一下，可以双击工具栏底部的手形工具缩小照片。

图 10-5

步骤 3

　　完成选择后，按 Command+J（PC：Ctrl+J）组合键将副本放在背景图层上方的独立图层。进入图层面板，单击图层缩览图左侧的眼睛图标隐藏背景图层（纯白色背景的图层）。这么做之后，可以看到除了模特之外都是透明的灰白格背景，如**图** 10-6 所示。所以可以在独立的图层上看模特，将抠出来的模特放在独立图层上，设置背景为不可见，这一步至关重要。

图 10-6

图 10-7

图 10-8

步骤 4

现在，打开另一张需要叠加其上的照片——**图 10-7** 中照片是一张在岩石顶层观景台拍摄的纽约天际线的照片。在 Lightroom 内单击该照片，按 Command+E（PC：Ctrl+E）组合键可在 Photoshop 中打开该照片。看到窗口顶部的标签"nyc skyline .jpg"了吗？如果启用了这一 Photoshop 首选项，则可以单击这些选项卡，实现文档的直接切换。在 Photoshop 里打开照片之后，按下 Command+A（PC：Ctrl+A）组合键，在整个图像周围选择一个选项，然后在照片文档上进行简单的复制粘贴。因此，按 Command+C（PC：Ctrl+C）组合键进行复制，单击 BeautyHeadshot1.jpg 选项卡切换到该图像，然后按 Command+V（PC：Ctrl+V）组合键将此图像粘贴到抠好的图像上。粘贴好后，它将会创建独立的图层，所以现在一共有 3 个图层（如**图 10-7** 所示）：（1）背景是原始图像；（2）图层 1 是透明背景的人像；（3）图层 2 是位于顶部的天际线照片。

步骤 5

我们需要在拍摄主体周围放置一个选定的背景，利用键盘快捷方式可以实现：按住 Command（PC：Ctrl）快捷键，然后直接单击图层面板的图层 1。执行此操作时，它会围绕拍摄主体进行选择（与之前所做的选择相同）。现在，选择好后单击图层 2——天际线照片，然后转到图层面板底部，单击添加图层蒙版图标（第 3 个图标，**图 10-8** 中红色圆圈标注处）。添加蒙版之后，它能按照抠好的图的形状轮廓遮蔽图层 1（如**图 10-8** 所示），选中区域会自动取消选择（选中区域不会再出现）。

步骤 6

　　若要混合天际线与拍摄主体，则需要更改天际线图层的图层混合模式。图层混合模式可实现当前图层与其下方图层的混合方式。正常是混合模式的默认模式，该模式无法实现两张照片的混合，上层照片只会覆盖下层照片。更改混合模式之后，两层照片才能相互混合。混合模式共有27种，不同的照片在同一混合模式下的效果不同。反复按Shift++组合键可以切换混合模式。在本例中，我使用的混合模式是叠加（如图10-9所示），其他模式也深得我心，比如柔光、强光、点光和减去。

图 10-9

步骤 7

　　现在切换回原图，但仍需要其他图层，因为城市图层需要混合其他东西。复制背景透明的模特图层，然后将该复制图层拖到图层堆叠的顶部。单击图层1（背景透明的），按Command+J（PC：Ctrl+J）组合键复制图层，但此副本会显示在天际线图层的下方，副本上的改动会被遮挡。单击该图层并向上拖动到图层堆叠的顶部，此时，屏幕显示的内容即可变为模特照片，如图10-10所示。

图 10-10

黑色蒙版图层
隐藏复制图层

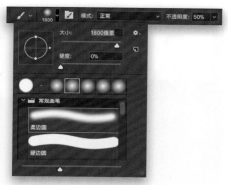

在选项栏的画笔选取器中，选择一个大的软
边画笔，然后把画笔大小调整至 1800 像素

在选项栏中把画笔的不透明度降低到 50%

图 10-11

步骤 8

现在，用黑色图层蒙版隐藏顶部复制的图层，因此我们可以只显示想要显示的部分。按住 Option（PC：Alt）键，单击添加图层蒙版图标（与之前在图层面板底部单击的图标相同），这会使复制图层隐藏在黑色图层蒙版之后，从而看不到复制图层。复制图层仍然存在，只不过是被隐藏起来了。现在，转到工具栏并获取画笔工具（或按快捷键 B），然后转到选项栏中的画笔选取器，选择一个大的软边画笔（如图 10-11 右侧所示），然后调整画笔大小至 1800 像素，画笔的不透明度降低到50%（此操作可以在选项栏实现）。

图 10-12

步骤 9

查看工具栏的底部，并将前景色设置为白色（如果是其他颜色，可以按快捷键 X 切换至白色）。然后，用画笔涂出需要显现原图的区域（图 10-12 中，我在脸部左侧绘制），因为使用的是软边刷，所以两张照片能自然融合。现在仍有天际线的线条存留在其脸部，若想消除脸部天际线照片的痕迹，可以使用画笔再次涂抹脸部区域（使用不透明度为 50% 的画笔在同一区域来回涂抹，涂抹效果会不断累积增强）。

步骤10

我们已经完成了在Photoshop中的全部调整，这时可以从图层面板的浮动菜单中选择拼合图像，这样将去掉所有图层，形成Lightroom中常见的单个图层照片。此外，你也可以保留图层，把它们发送到Lightroom中。但无论如何选择，拼合图像或者跳过该步骤，下一步的操作都是相同的，即按Command+S（PC：Ctrl+S）组合键保存更改，然后按Command+W（PC：Ctrl+W）组合键关闭照片窗口。这时照片在Photoshop中关闭并被发送到Lightroom中（如**图10-13**所示），堪称完美的配合。如果你用的是文件夹而非收藏夹，那么可以在文件夹中的图像末尾找到编辑的图像。

图 10-13

步骤11

现在，混合完成的照片导入Light-room之后，就可以像其他正常的照片一样进行编辑修改。我们先可以将其转换成黑白，然后添加一点胶片来完成一些效果（我常为黑白照片添加颗粒，这能给予照片传统的黑白电影效果）。当然，你也可以利用修改照片模块的滑块或配置文件，但先转到图10-14中左侧面板区域的预设面板，在黑白预设下单击黑白高对比度。然后，转到同一面板内的颗粒预设并选择中，应用胶片颗粒效果，如**图10-14**右侧面板所示。回顾一下：按Command+E（PC：Ctrl+E）组合键可以将选择的图像转移到Photoshop中做修改调整，完成后只需保存并关闭，编辑好的图像就会出现在Lightroom中。下一个技巧将介绍如何将分层文件保存回Lightroom。

图 10-14

把一张有很多图层的图片在Photoshop中打开，选择保存并关闭后这些图层仍然存在，而在Lightroom中你只能看到一张图片（就像是已经拼合图层了一样）。这里我们讲一下该如何将含有多个图层的图片原封不动地在Photoshop中打开。

10.3
保持Photoshop的多个图层不变

图 10-15

图 10-16

步骤1

如果处理照片时有多重图层（如**图10-15**所示），在没有拼合图层时就保存并关闭了文件，Lightroom会保持所有图层原封不动，但是Lightroom不允许在图层中操作。所以在Lightroom中你看到的就是拼合的图像，但图层依然存在（Lightroom没有图层功能，所以它不可见）。如果你想要看到或编辑图层，只能返回Photoshop。在Lightroom中单击图层化的图像，然后按Command+E（PC：Ctrl+E）组合键，弹出一个使用Adobe Photoshop CC编辑照片对话框，询问你是否想编辑含有Lightroom调整的副本，请选择编辑原始文件（如**图10-15**所示），这样图层就能显示出来。

步骤2

选择编辑原始文件后（这也是唯一会在Photoshop对话框中选择编辑原始文件的时候），图片会在Photoshop中打开，所有图层都还在。如果你不选择编辑原始文件的选项，那么Lightroom将发送给Photoshop一幅拼合版本的图像。如果你打开的图片的图层消失了，说明你没有选择编辑原始文件。

10.4
向 Lightroom 工作流程中添加 Photoshop 自动处理

如果在 Lightroom 内调整图像之后，要在 Photoshop 中做最终调整，则可以向该处理添加自动化，这样在导出照片时 Photoshop 就会启动并应用调整，之后重新保存文件——它基于你在 Photoshop 内创建的动作（"动作"用来记录 Photoshop 内完成的操作，一旦记录之后，Photoshop 就可以根据我们的需要非常快捷地重复该处理）。这里介绍怎样创建动作，以及怎样直接在 Lightroom 内使用它。

步骤 1

我们先从 Photoshop 内开始处理，因此请按 Command+E（PC：Ctrl+E）组合键在 Photoshop 内打开一幅图像，如**图 10-17** 所示。我们这里要做的是创建 Photoshop 动作，在图像周围添加简单漂亮的遮罩边框，然后在外围添加黑色的简单边框，可以将名牌放置在图像下。成功创建动作后，从 Lightroom 导出 JPEG 或 TIFF 等格式的照片时，可以自动在图像周围应用遮罩。

图 10-17

步骤 2

要创建动作，请转到窗口菜单，选择动作后显示出动作面板。单击该面板底部的创建新动作图标（它看起来就像图层面板内的创建新图层图标，如**图 10-18** 中的圆圈所示），弹出一个新建动作对话框，如**图 10-18** 所示。接下来给动作命名，我把它命名为添加帧，之后单击记录按钮（该按钮不是确定或者保存，而是记录，因为它从现在开始将记录我们的操作步骤）。

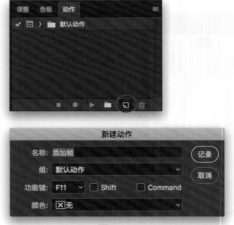

图 10-18

图 10-19

步骤 3

我们需要将照片分离出背景图层，单独建立一个图层。按Command+A（PC：Ctrl+A）组合键选择分离的部分（如**图 10-19**所示），按下Command+Shift+J（PC：Ctrl+Shift+J）组合键，将要分离的部分从背景图层中裁剪出来，并建立一个新图层（如图层面板所示，图层1中出现新的图像，而背景图层是空的）。

图 10-20

步骤 4

创建一个空白画布，在画布大小对话框的画布扩展颜色下拉列表中选择白色，接着选中中间的相对复选框（我们可以指定添加多少空间，不需要计算大小）。接下来，将宽度增加4英寸（1英寸=2.54厘米），高度增加6英寸，从而在图像下方添加多一些空间，单击确定创建画布。按V键切换到移动工具，在画布上单击并拖动图像（按住Shift键确保图像一直居中），图像大约比中心点高出约1英寸，如**图10-20**所示。然后，花1分钟时间进行命名。

步骤5

打开图层面板,按住Command(PC:Ctrl)键,直接单击第1层的图层缩览图(如**图10-21**所示),图片周围会出现一个小面板,你需要在大约1.3厘米的位置进行选择(创建出蒙版的地方),从选择菜单中选择变换选区,将你做出的选择转换成变换边框。单击拖曳距图像约1.3厘米的控制点(如**图10-21**所示),这个控制点与每一条边之间的距离都是相同的[按Command+R(PC:Ctrl+R)组合键进行操作]。调整完毕后,按Enter键锁定。

图 10-21

步骤6

我们要把该选定区域填充上白色,但我们需要在图像的下方显示此区域(不覆盖图像)。单击图层面板下端的创建新图层按钮(右边第2个图标),将其拖动放置在原来的图层下方。先后按D和X键将前景色设为白色,然后按Option+Delete(PC:Alt+Backspace)组合键将选区用白色填充。按Command+D(PC:Ctrl+D)组合键可取消选择。要创建哑光效果,在图层面板的底端选择添加图层样式(fx)图标,选择内发光(如**图10-22**所示),将混合模式设置为正常,不透明度设置为26%。接着单击色板选择黑色作为发光颜色,将大小设置为19像素,单击确定,你的图像上就会出现一个淡淡的阴影,就像是新图层的投影。

图 10-22

图 10-23

步骤7

　　我们已经添加了一个淡淡的黑色边框。在图层面板中单击背景图层，按下Command+A（PC：Ctrl+A）组合键，选中背景图层（如**图**10-23所示），我们需要创建一个空白图层，单击图层面板底部的创建新图层图标，直接在背景图层上方创建一个新图层，如**图**10-23所示。

图 10-24

步骤8

　　要在图层上添加边框，可以在编辑菜单中选择描边（如**图**10-24所示），选择想要添加笔画的地方，在描边面板中输入100像素的宽度（这是一张高分辨率图片），接着选择黑色，再单击确定。这样就可以在你的图像外添加一黑色的边框（如**图**10-24所示），按Command+D（PC：Ctrl+D）组合键可以取消选择。

步骤 9

接着我们可以在图像下方给图像命名。选择横排文字工具（快速键T），单击图像下方，把你的名字或是工作室名字填上去。这里我添加了自己的名字，接着按下Shift+\组合键添加了一条垂直分界线。我用24号大小的Gil Sans Light字体输入了大写的"PHOTOGRAPHY"，让它仍然居中，然后稍微降低不透明度，因为它应该是灰色的而不是黑色的，不应该抢夺图像的光芒，如**图10-25**所示。

图 10-25

步骤 10

在图层面板内，将这个模糊图层的不透明度降低到 20%，得到了我们需要的最终效果，如**图10-26**所示。现在，请转到靠近图层面板右上角的弹出菜单选择拼合图像，把图层向下拼合到背景图层中。接下来，按Command+S（PC：Ctrl+S）组合键保存文件，然后按Command+W（PC：Ctrl+W）组合键关闭文件。

图 10-26

图 10-27

步骤 11

你还记得在步骤 2 中我们创建的动作吗？它一直在记录我们操作的所有步骤。因此，请转到动作面板，单击该面板左下角的停止按钮，如图 10-27 所示。所记录的动作将应用这种效果，然后保存文件后关闭。我通常喜欢测试我的动作，以确保它准确记录了我进行的所有操作。因此请在 Lightroom 中打开一张不同的照片，按 Command+E（PC：Ctrl+E）组合键切换至 Photoshop，单击动作面板内的添加帧动作，之后单击该面板底部的播放图标，该照片就会应用这种效果，然后关闭文档。

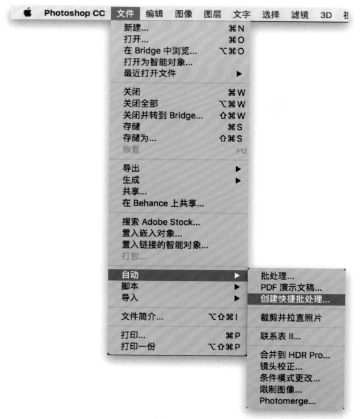

图 10-28

步骤 12

现在我们要把该动作转换为快捷批处理。快捷批处理的作用是：在离开 Photoshop 后，找到计算机上的照片，把该照片拖曳到这个快捷批处理上，它会自动启动 Photoshop，打开照片并把添加帧动作应用到该照片上，之后还会自动保存并关闭照片，因为这两步操作已经被记录为该动作的一部分，非常便捷。因此，要创建快捷批处理，请转到 Photoshop 的文件菜单，从自动子菜单中选择创建快捷批处理，如图 10-28 所示。

步骤 13

　　这将打开创建快捷批处理对话框，如**图 10-29**顶部所示。在该对话框顶部单击选择按钮，选择桌面作为保存快捷批处理的目标位置，然后将这个快捷批处理命名为添加帧。现在，在该对话框的播放部分中，一定要从动作下拉列表内选择添加帧（这是我们前面命名的动作，如**图 10-29**所示）。这样就完成了，你可以忽略该对话框内的其余部分，现在只需单击确定按钮即可。观察一下计算机桌面，就会看到一个大箭头图标，该箭头指向快捷批处理的名称，如**图 10-29**底部所示。

图 10-29

步骤 14

　　现在已经在 Photoshop 内建立了添加帧快捷批处理，我们将把它添加到 Lightroom 工作流程中。回到 Lightroom，从文件菜单下选择导出，弹出导出一个文件对话框，在后期处理部分，从导出后下拉列表中选择现在转到 Export Actions 文件夹，如**图 10-30**所示。这将转到计算机中 Lightroom 存储 Export Actions（导出动作）的文件夹，我们在这里可以存储所创建的任何导出动作。我们所要做的只是单击添加帧快捷批处理，并把它拖曳到"Export Actions"文件夹中，以便把它添加到 Lightroom。现在可以关闭这些文件夹，回到 Lightroom，单击取消按钮以关闭导出对话框（我们打开它只是为了转到"Export Actions"文件夹，以便把快捷批处理拖曳到那里）。

图 10-30

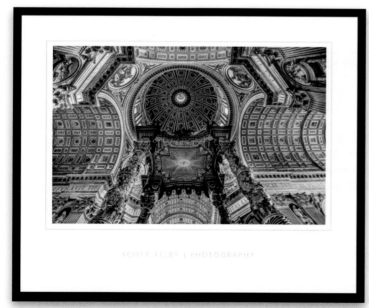

图 10-31

步骤 15

现在让我们在 Lightroom 的网格视图内选择想要应用这种效果的照片，之后按 Command+Shift+E（PC：Ctrl+Shift+E）组合键打开导出一个文件对话框。在左侧的预设区域单击用户预设左边的小三角形，之后单击我们在前面创建的导出网页 JPEG 格式预设。在导出位置区域单击选择按钮，为要保存的 JPEG 文件选择目标文件夹，在文件命名区域可以为照片提供新的名称。现在，在位于底部的后期处理部分，从导出后下拉列表内可以看到添加帧（我们的快捷批处理）已经被添加进来，因此请选择它，如**图 10-31** 所示。

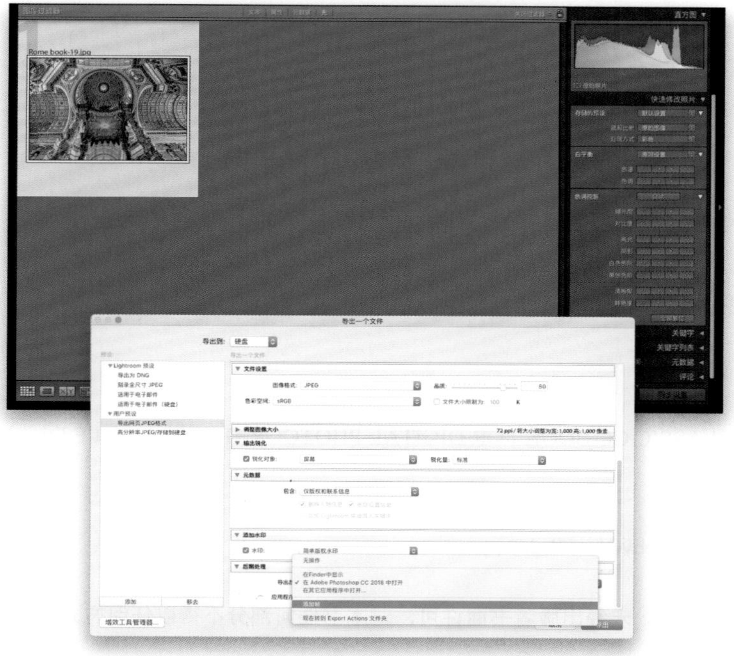

步骤 16

单击导出按钮时，照片就会被存储为 JPEG 格式，之后 Photoshop 会自动启动并打开照片，应用添加帧动作，再次保存并关闭照片。这是我们刚刚在 Lightroom 中选择的图像，我们在导出时对它应用了添加帧动作，效果如**图 10-32** 所示。

图 10-32

图书在版编目（CIP）数据

Photoshop Lightroom Classic CC摄影师专业技法 /
（美）斯科特·凯尔比（Scott Kelby）著；牟海晶译
. -- 北京：人民邮电出版社，2020.7
ISBN 978-7-115-53302-9

Ⅰ. ①P… Ⅱ. ①斯… ②牟… Ⅲ. ①图象处理软件
Ⅳ. ①TP391.413

中国版本图书馆CIP数据核字(2020)第017092号

版权声明

◆ 著　　　　[美] 斯科特·凯尔比（Scott Kelby）
　　译　　　　牟海晶
　　责任编辑　张　贞
　　责任印制　周昇亮

◆ 人民邮电出版社出版发行　　北京市丰台区成寿寺路 11 号
　　邮编　100164　　电子邮件　315@ptpress.com.cn
　　网址　https://www.ptpress.com.cn
　　北京东方宝隆印刷有限公司印刷

◆ 开本：889×1194　1/20
　　印张：15.8　　　　　　　　2020 年 7 月第 1 版
　　字数：687 千字　　　　　　2020 年 7 月北京第 1 次印刷
　　著作权合同登记号　图字：01-2017-9021 号

定价：128.00 元
读者服务热线：(010)81055296　印装质量热线：(010)81055316
反盗版热线：(010)81055315
广告经营许可证：京东市监广登字 20170147 号